U0281293

# Photoshop 图形图像处理
# 案例教程

赵艳莉　主编

邹　溢　李　智　翟　岩　副主编

电子工业出版社
Publishing House of Electronics Industry
北京•BEIJING

## 内容简介

创意设计对设计工具的掌握与使用要求较高。本书是为广大学生与从事设计的人员编写的一本设计类基础教材，具有实用、专业、经典、易趣等特点。全书内容涵盖三方面：第一，项目1～项目4着重讲解 Photoshop 的基本概念和重要功能；第二，项目5着重介绍平面设计人员必须掌握的平面构成、美学艺术知识；第三，项目6～项目8以经典、富有针对性的案例讲解了数码图像的处理、商业广告的设计及 Photoshop 运用中的高级技巧。

本书既适合作为职业院校数字媒体技术应用专业、计算机平面设计专业、动漫与游戏设计专业学生的实训教材，又适合作为广大平面设计爱好者的参考用书。

**图书在版编目（CIP）数据**

Photoshop图形图像处理案例教程 / 赵艳莉主编.
北京：电子工业出版社，2024. 7. -- ISBN 978-7-121
-48418-6
　Ⅰ．TP391.41
　中国国家版本馆CIP数据核字第2024FH7395号

责任编辑：郑小燕
印　　刷：天津千鹤文化传播有限公司
装　　订：天津千鹤文化传播有限公司
出版发行：电子工业出版社
　　　　　北京市海淀区万寿路173信箱　　邮编：100036
开　　本：880×1230　1/16　　印张：16　　字数：349千字
版　　次：2024年7月第1版
印　　次：2024年7月第1次印刷
定　　价：56.00元

凡所购买电子工业出版社图书有缺损问题，请向购买书店调换。若书店售缺，请与本社发行部联系，联系及邮购电话：（010）88254888，88258888。
质量投诉请发邮件至zlts@phei.com.cn，盗版侵权举报请发邮件至dbqq@phei.com.cn。
本书咨询联系方式：（010）88254550，zhengxy@phei.com.cn。

# 前 言

　　本书采用项目驱动、任务引领模式进行编排，在内容安排上打破了传统的逐一介绍模式，内容组织别具匠心，项目与项目联系紧密。读者通过本书的学习，能在学习Photoshop理论知识的同时，领悟到设计的要领与精髓，从而拓展设计创造能力。

- 实用：本书列举的针对性案例为读者提供了设计中常见问题的解决方法，让读者一学就会，稍加改动便可以运用到设计中，效果立竿见影。

- 专业：本书列举的案例和使用的专业术语都是设计中常用的内容，读者在掌握这些内容后能够顺利完成实际工作。

- 经典：本书列举的案例都是经过编写团队精心设计的，这些案例能够反映流行设计理念，看似信手拈来，但全部是经典设计。

- 易趣：本书内容易学、易懂、易操作，使读者能够轻松掌握，并且可以激发读者的创作兴趣和热情。

　　本书结构清晰，内容组织别具匠心，各项目内容联系紧密，且可操作性强，对所有针对性案例均列出了详细的操作步骤。读者只要按照书中的步骤逐步操作，就可以轻松掌握相应内容，从而达到活学活用、现学现用的目的。编写团队相信，通过本书的学习，读者在今后的设计工作中能达到游刃有余的境地，设计水平实现质的提升。

　　本书由赵艳莉担任主编，邹溢、李智、翟岩担任副主编。其中，项目1和项目2由翟岩编写，项目3和项目6由邹溢编写，项目4和项目7由李智编写，项目5、项目8和附录A由赵艳莉编写。

　　由于编者水平有限，书中难免存在疏漏和不足之处，恳请广大读者批评、指正。

　　为了方便读者学习，本书配备了丰富的教学资源，内容包括视频、课件、素材效果文件、习题答案。请有此需要的读者登录华信教育资源网下载或与电子工业出版社联系，我们将免费提供。

编　者

# 目　录

**项目 1　Photoshop 概述**·············1

任务 1　认识图像的类型·············2
一、认识位图·············2
二、认识矢量图·············3

任务 2　认识图像的颜色模式·············3
一、RGB 颜色模式·············3
二、CMYK 颜色模式·············4
三、Lab 颜色模式·············4
四、灰度模式·············4
五、位图模式·············5
六、索引颜色模式·············5

任务 3　Photoshop 简介·············5

任务 4　Photoshop 的工作界面布局与
基本组成·············7
一、工作界面布局·············7
二、基本组成·············7

任务 5　Photoshop 的应用领域·············12

任务 6　Photoshop 的启动与退出·············13
一、Photoshop 的启动方式·············13
二、Photoshop 的退出方式·············14

课后训练 1·············14

**项目 2　图像文件的基本操作**·············15

任务 1　新建图像文件·············16
一、确定图像的分辨率和尺寸·············16
二、新建图像文件操作·············18

任务 2　打开图像文件·············19

任务 3　保存图像文件·············21
一、使用"存储"命令保存图像文件·············21

二、使用"存储为"命令保存图像文件·············22

任务 4　认识图像文件的格式·············23

任务 5　关闭图像文件·············24

任务 6　调整图像大小·············25

任务 7　调整画布大小·············26
一、缩小画布·············26
二、拓展画布·············27

任务 8　输入与输出图像·············28
一、输入图像·············28
二、输出图像·············29

任务 9　喷绘和写真的要求·············31

课后训练 2·············32

**项目 3　工具的使用**·············33

任务 1　选区工具组·············35
一、规则选择工具组·············35
二、套索工具组·············39
三、魔棒工具·············41
四、移动工具·············41
五、裁剪工具·············43
六、切片工具组·············43
七、路径选择工具组·············45
八、调整选区·············45

任务 2　绘图工具组·············50
一、设置绘图工具选项·············50
二、画笔工具组·············55
三、修补工具组·············56
四、渐变工具组·············58
五、钢笔、路径选择工具组·············61
六、图章工具组·············63

七、历史画笔工具组 ·········· 65

任务 3　图像处理工具 ·········· 78
　　一、聚焦工具组 ·········· 78
　　二、曝光工具组 ·········· 80
　　三、吸管工具组 ·········· 82
　　四、文字工具组 ·········· 83

任务 4　辅助工具组 ·········· 88
　　一、注释工具 ·········· 88
　　二、抓手工具 ·········· 89
　　三、缩放工具 ·········· 89
　　四、选区模式工具 ·········· 89
　　五、屏幕显示模式工具 ·········· 91
　　六、标尺、网格和辅助线 ·········· 92

课后训练 3 ·········· 104

项目 4　浮动面板 ·········· 105

任务 1　导航器面板、信息面板和
　　　　直方图面板 ·········· 106
　　一、导航器面板 ·········· 106
　　二、信息面板 ·········· 106
　　三、直方图面板 ·········· 106

任务 2　颜色面板、色板面板和
　　　　样式面板 ·········· 107
　　一、颜色面板 ·········· 107
　　二、色板面板 ·········· 107
　　三、样式面板 ·········· 108

任务 3　历史记录面板和动作面板 ·········· 109
　　一、历史记录面板 ·········· 109
　　二、动作面板 ·········· 109

任务 4　图层面板 ·········· 110
　　一、图层面板 ·········· 110
　　二、图层的操作 ·········· 115
　　三、调整图层和填充图层 ·········· 117
　　四、图层蒙版和矢量蒙版 ·········· 118

课后训练 4 ·········· 127

项目 5　平面与美学艺术 ·········· 129

任务 1　平面构成 ·········· 130
　　一、点的构成 ·········· 131
　　二、线的构成 ·········· 135
　　三、面的构成 ·········· 137

任务 2　画面分割与平衡原理 ·········· 138
　　一、画面分割 ·········· 139
　　二、平面的平衡原理 ·········· 141

任务 3　色彩构成 ·········· 143
　　一、色彩的种类与属性 ·········· 143
　　二、色彩的对比规律 ·········· 148
　　三、色彩搭配 ·········· 156

任务 4　创意与逆向思维 ·········· 161
　　一、广告创意与逆向思维 ·········· 162
　　二、运用逆向思维进行广告创意 ·········· 163
　　三、广告创意关键词 ·········· 163

课后训练 5 ·········· 164

项目 6　数码图像的处理 ·········· 165

任务 1　图像的优化 ·········· 166
　　一、素材调色 ·········· 166
　　二、去斑 ·········· 169

任务 2　逆光照片的修正 ·········· 170

任务 3　模糊照片的清晰化处理 ·········· 173

任务 4　提高照片对比度的方法 ·········· 175

任务 5　去除照片斑点的方法 ·········· 177

任务 6　牙齿美白处理 ·········· 179

任务 7　书法照片的翻新 ·········· 181

任务 8　照片的艺术处理 ·········· 182

课后训练 6 ·········· 184

项目 7　经典案例实战 ·········· 185

任务 1　电子邀请函设计 ·········· 186

任务 2　护肤品广告设计 190

任务 3　中医馆名片设计 195

任务 4　面部护理项目单页设计 200

任务 5　转动的时钟动画制作 206

任务 6　故障风文字效果 215

任务 7　弥散文字模糊效果 218

任务 8　塑料泡泡字体效果 220

课后训练 7 224

项目 8　Photoshop 操作
技巧 225

任务 1　工具箱使用技巧 226

任务 2　复制技巧 230

任务 3　选择技巧 232

任务 4　路径技巧 236

任务 5　滤镜技巧 237

任务 6　图层技巧 237

任务 7　色彩技巧 238

任务 8　动作技巧 239

课后训练 8 239

附录 A　快捷键 241

# 项目 1
# Photoshop 概述

◆ 了解图像的类型：位图和矢量图。

◆ 了解图像的颜色模式。

◆ 了解 Photoshop 的工作界面布局与基本组成。

◆ 掌握 Photoshop 的常用启动与退出方式。

◆ 培养认真严谨、精益求精、力争完美的工匠精神。

◆ 发挥职业优势，弘扬真善美的社会使命感与责任感。

Photoshop 是由 Adobe 公司开发的优秀的图像处理软件，它把选择、绘画、编辑处理、色彩校正和特殊效果有机地统一起来，成为一个强大的数字成像系统。我们通过使用神奇的 Photoshop，可以将自己心中想象的艺术形象地表现出来。经过不断发展和创新，Photoshop 的功能又得到了进一步增强，为用户提供了更富有创新的图像处理和绘图工具。我们通过本项目的学习，能够对 Photoshop 的相关基础知识有一个概括了解。

# 任务 1　认识图像的类型

图像的类型主要包括两种：位图和矢量图。

## 一、认识位图

位图是由许多小方块构成的一个整体，这些小方块是构成位图的基本单位，它们被称为像素。由于将位图放大后就可以看到这些小方块，因此位图被放大后会失真，边缘呈现锯齿状的效果，如图 1-1 所示。

图 1-1　位图及其放大后的局部效果

由于位图中每个小方块都能够存储一种颜色和亮度，因此位图可以记录丰富的图像信息，呈现具有丰富色彩和色调的画面。但是由于每个小方块都需要存储颜色信息，因此图像文件的体积相对较大。颜色越丰富，存储的颜色信息越多，画质越好，图像文件所占空间也就越大，所以位图适用于逼真照片或要求精细细节的图像。

Photoshop 是常用的位图处理软件。

## 二、认识矢量图

矢量图是由数学算法定义的线条和曲线组成的图像，构成这些图像的元素是一些点、线、矩形、多边形、圆和弧线等，它们都是通过数学公式计算获得的。

矢量图最大的优点是可以无限缩放，对图像进行放大、缩小、旋转等操作都不会失真；最大的缺点是难以表现色彩层次丰富的逼真图像效果，如图 1-2 所示。

图 1-2　矢量图

矢量图常用于图案、图标、VI、文字等设计，常用的软件有 CorelDRAW、Illustrator 等。

# 任务 2　认识图像的颜色模式

在设计中，图像的颜色模式是记录图像颜色的方式，它决定了图像在显示和印刷时的色彩数目，同时影响图像文件的体积大小。图像的颜色模式主要有 RGB 颜色模式、CMYK 颜色模式、Lab 颜色模式、灰度模式、位图模式、索引颜色模式等。

## 一、RGB 颜色模式

RGB 颜色模式是最常用的颜色模式，而且是 Photoshop 在新建文件时默认的颜色模式。RGB 颜色模式分别由红（Red）、绿（Green）和蓝（Blue）3 种颜色混合而成，每种颜色又有 256 种，因此将这 3 种颜色混合后可以形成 1670 万种不同的颜色，构成了绚丽多彩的画面。Photoshop 中有红、绿、蓝 3 个通道（见图 1-3），我们可以对这 3 个通道中的颜色和色调进行单独调整，实现调色、抠图等功能。

图 1-3　RGB 颜色模式的通道

RGB 颜色模式主要应用于电子设备，如台式计算机、移动设备、电视机等。

## 二、CMYK 颜色模式

CMYK 颜色模式是一种印刷模式，由青色（Cyan）、洋红（Magenta）、黄色（Yellow）和黑色（Black）组成。由于在实际应用中印刷三原色（青色、洋红和黄色）叠加在一起只能形成深灰色，不能得到黑色，因此在彩色印刷中需要加入黑色油墨才能产生真正的黑色。黑色的作用是强化图像的暗调，加深暗部的色彩。

虽然 RGB 颜色模式色彩丰富，但是不能完全被打印出来。所以，在使用 Photoshop 编辑图像时，先使用 RGB 颜色模式，在打印输出时再转换为 CMYK 颜色模式。

## 三、Lab 颜色模式

图 1-4　Lab 颜色模式的通道

Lab 颜色模式是一种基于人眼视觉原理创立的颜色模式，理论上包括了人眼可以看见的所有色彩。在表达色彩范围上，Lab 颜色模式的色域最宽，RGB 颜色模式的色域次之，CMYK 颜色模式的色域相对最窄。在 Photoshop 中，Lab 颜色模式将图像上的亮度信息与颜色信息进行了分离。Lab 颜色模式中有 3 个通道，分别是明度通道、a 通道和 b 通道，如图 1-4 所示。明度通道只包含图像上的亮度信息，a 通道只包含绿色信息和洋红色信息，可简称为红绿通道，b 通道只包含蓝色信息和黄色信息，可简称为黄蓝通道。

由于 Lab 颜色模式将图像上的亮度信息与颜色信息进行了分离，因此在修改图像的明暗关系时不会影响图像的颜色；同样，在修改图像的颜色时也不会改变图像的明暗关系。

Lab 颜色模式是 Photoshop 从一种颜色模式转换到另一种颜色模式的内部转化方式，当 Photoshop 从一种颜色模式转换到另一种颜色模式时，总是先转换到 Lab 颜色模式，这样可以避免色彩损失。

## 四、灰度模式

灰度模式只能呈现色调，没有颜色信息。灰度图像中的每个像素都包含一个色调值，范围为 0（黑色）～ 255（白色），即有 256 种不同的明度变化，可以包括黑、白及从黑到白的过渡灰色，所以灰度图像具有明暗对比，如图 1-5 所示。

将彩色图像转换为灰度模式的图像时，所有的颜色信息都将被删除。虽然 Photoshop 允许将灰度模式的图像再转换为彩色图像，但是原来已经丢失的颜色信息不能再恢复。

灰度值可以用打印时的黑色油墨的用量衡量，用百分比表示，越接近 0%，油墨的用量越少，颜色越白；越接近 100%，油墨的用量越多，颜色也越黑。灰度模式只有一个通道，因此其文件体积要比彩色图像文件的体积小，处理速度也更快。灰度模式既可以应用于电子设备，又可以应用于印刷行业。

## 五、位图模式

位图模式又被称为黑白图像，只用黑、白两种颜色来表示图像中的像素。由于颜色信息少，因此位图模式下的图像文件占用的存储空间小，便于处理和操作。位图模式只能制作出黑、白颜色对比强烈的图像，但也会丢失大量细节，如图 1-6 所示。位图模式只能由灰度模式转换。要先将图像转换为灰度模式，才能再转换为位图模式。

图 1-5　灰度图像

图 1-6　位图模式的图像及其放大后的局部效果

## 六、索引颜色模式

索引颜色模式也是常用的颜色模式。当图像转换为索引颜色模式后，Photoshop 将构建一个颜色查找表，用来存放并索引图像中的颜色，颜色查找表最多包含 256 种颜色。

如果原图像中的某种颜色没有出现在颜色查找表中，则程序将选取现有颜色中最接近的一种，或者使用现有颜色模拟该颜色。索引颜色模式图像的颜色信息少，图像文件的体积也相对较小，打开速度较快，因此多应用于动画或网页制作上。当图像存储为 GIF 格式时，将自动转换为索引颜色模式。

# 任务 3　Photoshop 简介

Photoshop 最初是由 Thomas Knoll 开发的应用软件。后来，在 Thomas Knoll 与 Adobe 公司的共同努力下，将 Photoshop 开发成为一款优秀的图形编辑软件，并于 20 世纪 90 年代初推出市场。

图 1-7　Neural Filters 滤镜

1994 年 9 月，Adobe 公司又与 Aldus 公司合作，使 Photoshop 的版本不断升级，在图像处理领域中占领了巨大的市场份额。

如今，Photoshop 凭借其简洁的工作界面和丰富实用的功能，成为平面设计和图像处理的常用软件，它不仅是专业摄影师的理想选择，也是图像处理爱好者的首选工具。随着技术的不断发展，Adobe 公司在 2013 年至 2014 年开始推出 Photoshop CC 系列，目前，大多数用户使用的是 Photoshop CC。Photoshop CC 不仅继承了 Photoshop CS 的优点，而且新增了一些功能，使其功能更加完善，操作更加智能、简单和方便。Photoshop CC 2021 还增加了天空替换、黑白照片智能上色、Neural Filters 滤镜（又被称为神经 AI 滤镜，见图 1-7）等多种功能，改进了 Camera Raw、边缘选区工具等，能够帮助设计师更轻松、有效地编辑图像，提升工作效率。

Photoshop 具有丰富的内容和无穷的魅力，广泛应用于广告创意、平面构成、三维效果处理、图像后期合成等。

下面对 Photoshop 的常用功能进行简单介绍。

（1）工具箱中的铅笔、画笔、历史画笔、油漆桶、橡皮擦、图章等工具可以实现基本的绘图功能。

（2）工具箱中的选框、套索、魔棒、移动、变换等工具可以实现图像的选取与剪裁等功能，并可以对选区进行增减、移动和变形等操作。

（3）Photoshop 支持多种颜色模式，可以对图像的色彩进行调节和控制，并能对黑白图像上色、修复图像缺陷等。

（4）Photoshop 支持多图层处理图像功能，既可以对图层进行合并、镜像、翻转、移动和复制等操作，又可以控制图层的视觉效果。

（5）Photoshop 支持文字处理和样式功能，既可以让用户制作出色彩缤纷、姿态万千的艺术字，又可以实现一定的三维立体效果及奇妙的灯光效果。

（6）Photoshop 具有 3D 功能，可以将 2D 图像转换成 3D 图像，实现图像的 3D 建模与渲染。

（7）除图像编辑外，Photoshop 也提供了初级的视频编辑功能，如裁剪、分割、添加滤镜、转场等，实现简单的视频编辑。

（8）Photoshop 支持多种格式的图像文件，图像的调整功能使它在众多的图像软件中独占鳌头。

（9）Photoshop 与网络紧密联系，将创建的图像文件存储为云文档，以便随时随地、跨设备使用。

Photoshop 的强大功能非常多，在后面的项目中将会进行详细介绍。

# 任务 4　Photoshop 的工作界面布局与基本组成

## 一、工作界面布局

了解 Photoshop 的工作界面布局和基本组成是快速入门的基础。我们通过熟悉 Photoshop 的工作界面布局和基本特性的使用，能够更加得心应手地工作。下面介绍 Photoshop 的工作界面。

打开 Photoshop，一个友好、直观、丰富的工作界面就会展现在面前，这就是绘制图形大显身手的地方，也是我们扬帆远航、实现梦想的"加油站"，其工作界面布局如图 1-8 所示。

图 1-8　Photoshop 的工作界面布局

从图 1-8 中可以看出 Photoshop 的工作界面由菜单栏、工具箱、属性栏、图像编辑区、浮动面板、状态栏等组成。

## 二、基本组成

### 1. 菜单栏

在 Photoshop 中，菜单命令是非常重要的，只有掌握了菜单命令的使用方法，才能创造出丰富多彩的图像。菜单栏位于 Photoshop 工作界面的顶部，包括"文件"菜单、"编辑"菜单、"图像"菜单、"图层"菜单、"文字"菜单、"选择"菜单、"滤镜"菜单、"3D"菜单、"视图"菜单、"窗口"菜单和"帮助"菜单，如图 1-9 所示。

文件(F)　编辑(E)　图像(I)　图层(L)　文字(Y)　选择(S)　滤镜(T)　3D(D)　视图(V)　窗口(W)　帮助(H)

图 1-9　菜单栏

下面对每个菜单的基本功能进行简要说明。

"文件"菜单：主要对图像文件进行建立、打开、存储、关闭、打印等操作。

"编辑"菜单：主要对图像文件进行复制、粘贴、填充、变换等操作。

"图像"菜单：主要调整图像文件的颜色模式、色彩色调、图像大小及画布尺寸等。

"图层"菜单：主要对图像进行层控制和编辑。

"文字"菜单：主要对文字进行编辑和调整。

"选择"菜单：主要对图像进行选取和对选区进行控制。

"滤镜"菜单：主要为图像添加各种特效滤镜。

"3D"菜单：主要实现各种 3D 效果的制作。

"视图"菜单：主要进行视窗控制。

"窗口"菜单：主要用于控制浮动面板的显示或隐藏。

"帮助"菜单：主要为用户提供帮助信息。

选择菜单栏中的任意一个菜单命令就会弹出相应的下拉菜单。下拉菜单是与工具箱完全不同的命令组，它采用了典型的视窗风格，将 Photoshop 的大多数命令都集成在里面，每一个菜单命令都能完成一个特定的功能。

如果菜单命令的后面有"▶"符号，则表示还有子菜单；如果菜单命令后面有"..."符号，则表示在执行该菜单命令时会打开一个对话框；如果菜单命令前面有"✔"符号，则表示该菜单命令处于有效状态。有的菜单命令后面还有快捷键。如果菜单命令呈灰色显示状态，则表示该菜单命令此时不可使用。

如果菜单命令后面有完整的快捷键，则可以按快捷键快速执行该菜单命令，如按快捷键 Ctrl+L 就可以执行"色阶"命令，如图 1-10 所示。

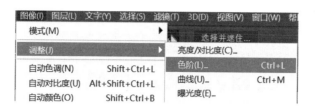

图 1-10　按快捷键 Ctrl+L 执行"色阶"命令

有些菜单命令后面只有一个字母，需要按 Alt 键 + 菜单名后面的字母 + 菜单命令后面的字母执行该菜单命令，如按快捷键 Alt+S+T 就可以执行"变换选区"命令，如图 1-11 所示。

图 1-11　按快捷键 Alt+S+T 执行"变换选区"命令

另外，在进行图像处理时还可以使用快捷菜单。在打开的图像窗口中右击，弹出一个与当前操作相关的快捷菜单，选择需要的命令即可。

2．工具箱

工具箱默认位于 Photoshop 工作界面的左侧，将鼠标指针置于工具箱顶部，单击并拖动鼠标指针，可以将工具箱移动到其他位置。单击工具箱顶部的 按钮，可以对工具箱进行单列与双列之间的切换。

将鼠标指针放在某个工具上时会出现一个窗口，在窗口中可以看到该工具的名称和快捷键。

工具箱中的工具大致可分为选区工具组、绘图工具组、辅助工具组、文字工具组、造型工具组。

单击工具箱中的工具即可选择该工具。如果工具右下角带有黑色三角形符号，则表示它是工具组，具有隐藏工具，只需先在工具组上右击，就会展开隐藏的工具，再将鼠标指针移到要选择的工具上单击即可。工具之间的切换方法为先按住 Alt 键不放，再单击工具组中的工具，直至切换出所需的工具为止。

下面对前面所列的 5 类工具组进行简单介绍。

（1）选区工具组。该工具组中的工具主要用来对图像的全部或部分进行选取，包括规则选择工具组 ⬚ 、套索工具组 ⬭ 、对象选取工具组 ⬈ 、裁剪工具组 ⬚ 、图框工具⊠、移动工具组⬌、路径选择工具组 ➤ 。

（2）绘图工具组。该工具组分为 8 类，包括修补工具组 ✎ 、画笔工具组 ✐ 、图章工具组 ⬚ 、历史画笔工具组 ✐ 、橡皮擦工具组 ⬚ 、渐变工具组 ▤ 、模糊工具组 ◗ 、减淡工具组 ◯ 。这些工具组中的大多数工具可以设置笔刷的大小、形状、不透明度等属性。

（3）辅助工具组。该工具组在处理图形、图像时可以起到辅助作用，包括抓手工具组 ✋ 、缩放工具◯ 、吸管工具组 ✐ 等。这些工具组中的工具都是图像处理中非常重要的工具。

（4）文字工具组。文字在设计中起到画龙点睛的作用，因此文字工具组 Ⓣ 也是必不可少的。

（5）造型工具组。该工具组中的工具主要用来绘制和创建一些图形的轮廓形状，包括钢笔工具组 ✐ 和形状工具组 ✦ 。

3．属性栏

属性栏可以对工具箱中各工具进行进一步设置。例如，选择画笔工具，在属性栏中出现的就是画笔工具的相关属性，如画笔预设、模式、不透明度、流量等，可以直接在相关属性位置对画笔进行设置，如图 1-12 所示。

图 1-12　画笔工具属性栏

4．图像编辑区

图像编辑区在 Photoshop 工作界面中所占面积较大，创建的文件及打开的图像就在图像编辑区中显示。图像编辑区可以同时显示多个文件，如图 1-13 所示。

图 1-13　图像编辑区

单击图像编辑区顶部某一文件的文件名，该文件图像就会显示出来。如果想要切换到其他文件，则可以按快捷键 Ctrl+Tab 按照从前往后的顺序进行切换，如果想要从后往前进行切换，则需要按快捷键 Ctrl+Shift+Tab。

单击某一图像文件的标题栏并拖动，该图像文件就会成为浮动窗口，并且可以任意移动。

5. 浮动面板

Photoshop 工作界面的右侧是浮动面板区域。浮动面板也是 Photoshop 非常重要的辅助工具，为图形图像处理提供了各种各样的辅助功能。Photoshop 工作界面的右侧有多个浮动面板组，一个面板组中有多个浮动面板，如图 1-14 所示。

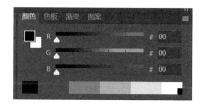

图 1-14　浮动面板组

每个浮动面板组或浮动面板都可以利用鼠标指针进行拖曳，可以放置在 Photoshop 工作界面中的任何位置。单击浮动面板右上角的▬》按钮，可以将浮动面板进行折叠或展开。单击浮动面板组右上角的▬按钮，出现一个下拉菜单，该菜单包含面板的相关命令，可以关闭浮动面板或浮动面板组，如图 1-15 所示。

图 1-15　浮动面板组的下拉菜单

当浮动面板不显示时，可以选择菜单栏中的"窗口"命令，在下拉菜单中找到相应浮动面板名称并选择，即可将该浮动面板在"窗口"下拉菜单中勾选上，并显示出来。

6. 状态栏

状态栏位于 Photoshop 工作界面的底部。状态栏一般显示图像的显示比例、操作提示和文档大小等信息。

显示比例：`66.67%` 表示当前活动窗口的图像显示比例为 66.67%，可直接在此处输入数值来调节显示比例。

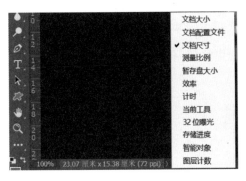

图 1-16　状态栏的快捷菜单

文档大小：在 `文档:6.59M/6.59M` 中，前者表示原始文档的大小，后者表示进行一系列图像编辑后，当前状态下的文档大小。

图像信息：单击状态栏中的 ▶ 按钮会弹出如图 1-16 所示的快捷菜单，选择不同的命令可以显示图像的不同信息，如果命令前面有 " ✔ " 符号，则表示该命令有效，同时会在 ▶ 按钮左侧显示出文档的信息。

# 任务 5　Photoshop 的应用领域

Photoshop 是一款在图形图像制作处理方面功能完善、强大的专业软件。经过 Photoshop 的润色处理后可以使作品达到更加完美的艺术效果，还可以设计出更新颖的作品，缩短设计周期，节省费用。经过不断的发展，Photoshop 已逐渐成为设计人员的必备工具，被广泛应用于广告、商业、建筑、影视娱乐、机械制造等多个行业，在平面设计、图像处理、创意合成、网店美工、网页设计、UI 设计等领域都发挥着不可替代的作用。

1. 平面设计

平面设计是 Photoshop 应用最为广泛的领域。书籍的封面、插图、海报广告、杂志、包装等都需借助 Photoshop 进行排版处理。

图 1-17　图像处理前后对比

2. 图像处理

通过 Photoshop 的工具、滤镜、样式等，可以调整图像的色调、色彩、亮度、对比度等，修复瑕疵图像，还可以实现多种特殊效果，如图 1-17 所示。Photoshop 也被广泛应用于人像后期处理中，实现人像美颜、五官及形体修饰等效果，从而使照片更加赏心悦目。

### 3. 创意合成

运用软件工具能够合成完整的、传达明确意义的图像，是设计师的必经之路。而Photoshop 强大的抠图功能让素材与创意融合成为可能，让设计师能够实现天马行空的创意，创作出优秀的作品，如图 1-18 所示。

### 4. 网店美工

网店装修所运用的工具主要就是 Photoshop，通过 Photoshop 能够制作网店的首页、详情页面、专题页面、活动页面，同时设计出画面精美、具有明确营销卖点的营销推广图（见图 1-19），有助于拓宽商家的销售渠道，降低销售成本，助力企业更好发展。

图 1-18  创意合成效果

图 1-19  网店的营销推广图

### 5. 网页设计

网页制作前期效果图的设计一般借助 Photoshop 来实现。设计师可以先将效果图进行分割，再通过 HTML 和 CSS 将这些元素进行拼接，就可以实现网页的制作。网页中的许多元素（如背景图、广告图、banner、导航条等）都可以使用 Photoshop 进行制作，因此 Photoshop 也常常用来进行网页设计。

### 6. UI 设计

随着移动互联网的快速发展，UI 界面已经成为一个新兴领域，受到越来越多企业的重视；因此，UI 设计师也成为一个新的职业，受到人们的青睐。在 UI 设计行业中，Photoshop 是大多数设计师常用的软件。

# 任务 6  Photoshop 的启动与退出

## 一、Photoshop 的启动方式

当用户成功进入系统后，可以使用以下 3 种方式启动 Photoshop。

（1）通过开始菜单：单击 ⊞ 按钮，找到 Photoshop 图标并单击，即可启动 Photoshop。

（2）通过桌面快捷方式：在桌面创建 Photoshop 的快捷方式（见图 1-20），双击该图标，即可启动 Photoshop，这是最方便、快速的启动方式。

（3）通过任务栏固定方式：将 Photoshop 固定在任务栏中（见图 1-21），双击任务栏中的 Photoshop 图标，即可快速启动 Photoshop。

图 1-20　Photoshop 的快捷方式　　　　　　图 1-21　任务栏

## 二、Photoshop 的退出方式

用户在使用 Photoshop 时，可以使用以下 3 种方式退出 Photoshop。

图 1-22　选择"关闭"命令

（1）通过"文件"菜单：选择"文件"→"退出"命令，或者按快捷键 Ctrl+Q，即可退出 Photoshop。

（2）通过窗口命令：双击 Photoshop 窗口左上角的 图标；或者单击 图标，在弹出的下拉菜单中选择"关闭"命令；又或者按快捷键 Alt+F4，即可退出 Photoshop，如图 1-22 所示。

（3）直接退出：直接单击 Photoshop 窗口右上角的 按钮，即可退出 Photoshop，这是一种常用的退出 Photoshop 的方式。

当使用以上 3 种方式退出 Photoshop 时，如果文件没有被保存，则打开一个对话框，提示用户是否要保存文件。如果文件已经被保存，则直接退出 Photoshop。

## 课后训练 1

1．Photoshop 的工具大致可以归纳为几大类？

2．列举 3 种与 Photoshop 有关的行业。

3．请使用不同方式启动或退出 Photoshop。

4．尝试折叠、展开浮动面板组，打开、关闭、移动浮动面板。

5．通过网络查找其他绘图软件，比较 Photoshop 与其他绘图软件在使用和功能上的区别。

# 项目 2
## 图像文件的基本操作

项目要点

◆ 能够新建、打开、保存、关闭图像文件。

◆ 能够调整图像大小和画布大小。

◆ 了解图像文件的多种格式。

◆ 熟悉图像的输入与输出方法。

◆ 掌握喷绘与写真中有关制作的要求。

思政要求

◆ 树立多元思考、科学探究的学习态度。

◆ 培养实事求是、严谨认真的职业素养。

在进行图像编辑之前，首先要熟悉图像文件的各项基本操作，包括图像文件的新建、打开、编辑、保存等，然后还要了解 Photoshop 所支持的图像格式。在图像的制作过程中，有时还需要能够及时调整图像和画布的大小，以备不时之需。设计出的作品要想用于商业用途或供他人欣赏，就需要将其打印输出；因此本项目还介绍了一些图像的输入途径和打印输出的基本设置。

# 任务 1　新建图像文件

在 Photoshop 的新建图像文件操作中，要求输入图像的名称、分辨率和尺寸等，所以在实际操作时，要根据图像制作的用途和目的，确定图像的分辨率和尺寸。

## 一、确定图像的分辨率和尺寸

分辨率是与图像相关的一个重要概念，它是衡量图像细节表现力的技术参数。分辨率是指单位长度上的像素或点的数目，一般以 ppi（每英寸像素数）或 dpi（每英寸点数）为单位。单位长度上的像素越多，图像包含的颜色信息就越多，图像就越清晰，画质也越好。

尺寸用于描述图像大小，横向和纵向像素个数构成图像的宽度和高度，也就是图像的尺寸。

一般来讲，图像的分辨率与尺寸一起决定了文件的大小和输出质量，分辨率和尺寸越大，文件所占空间就越大。

1. 分辨率的类型

分辨率的类型有很多,其含义各不相同。正确理解分辨率在各种情况下的具体含义,厘清不同表示方法之间的相互关系,是至关重要的一步。以下是几种常见的分辨率类型。

(1)图像分辨率:指图像中单位长度所包含的像素或点的数目,常以 ppi(每英寸像素数)为单位。可以在"新建文档"对话框中比较一下图像大小与图像尺寸、分辨率之间的关系,以增强对图像分辨率的理解。

(2)显示分辨率:指显示器上单位长度显示的像素或点的数目,通常以每行像素数列乘每列像素数列表示,如 1024 像素 ×768 像素,表示显示器可以显示 768 行,1024 列,一共显示 786432 像素。每个显示器都有自己的最高分辨率,并且可以兼容较低的分辨率,所以一个显示器可以用多种不同的分辨率显示,如笔记本电脑的显示器分辨率就有多种,如图 2-1 所示。

图 2-1 笔记本电脑的显示器分辨率

显示分辨率虽然是越高越好,但是还要考虑人眼的识别性和舒适度。在相同大小的屏幕上,分辨率越高,显示就越小;分辨率越低,显示就越大,但会出现无法全部显示的情况。一般选择系统推荐的分辨率比较合适。

(3)输出分辨率:它又被称为打印分辨率,主要指绘图仪或激光打印机等输出设备在输出图像时每英寸所产生的油墨点数,即 dpi(每英寸点数)。如果使用与打印机输出分辨率呈正比的图像分辨率,就能产生较好的输出效果。

(4)扫描仪分辨率:分辨率是扫描仪最主要的技术指标,表示扫描仪对图像细节的表现能力,决定了扫描仪记录图像的细致度,通常用每英寸长度上扫描图像所含有像素点的数目来表示,目前大多数扫描仪的分辨率范围为 300dpi ~ 2400dpi。

2. 分辨率的日常使用标准

在实际生活中,由于图像展示的场合不同,因此在制作图像时可以依据用途设置相应的分辨率。

为了能够保证图像较快的打开速度，以及良好的浏览体验，发布在网页上的图像分辨率一般设置为 72dpi 或 96dpi。Photoshop 的默认分辨率为 72dpi。相对于网络用图，彩版印刷行业的用图要求比较高，一般设置为 300dpi，这样才能达到印刷品清晰度的要求。一般的户外广告的分辨率为 72dpi 及以下，虽然分辨率越高，画面越清晰，但是由于户外广告图像的尺寸一般比较大，如户外喷绘画面长度可以达到十几米，分辨率过高容易导致计算机卡顿、输出困难等，因此分辨率设置不宜过高，能够满足人们的视觉需求即可。

## 二、新建图像文件操作

选择"文件"→"新建"命令，或者按快捷键 Ctrl+N，打开"新建文档"对话框，如图 2-2 所示。

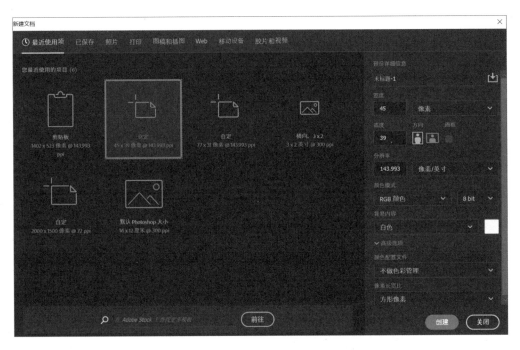

图 2-2　"新建文档"对话框

"新建文档"对话框左侧默认显示的是"最近使用项"的新建文件的不同方式，如自定、默认 Photoshop 大小等，如果想要自己设置，则选择"自定"选项即可。"新建文档"对话框右侧的"预设详细信息"选项区用于设置各选项参数。"预设详细信息"选项区的第一项就是文件名的设置，默认用"未标题 -*"来命名，可以将其修改为合适的文件名；接着可以设置新建文档的宽度、高度、分辨率和颜色模式。"背景内容"下拉列表用于设置背景图层填充方式，有白色、背景色和透明 3 个选项。

"颜色配置文件"下拉列表用于管理色彩的配置表现和颜色的显示。sRGB 是一种用于显示器、网络和数码相机的标准颜色空间，它的文件色域较小，适用于在网络上展示或打印一些简单的图像。Adobe RGB 是一种广色域的颜色空间，适用于专业的印刷和摄影应用。ProPhoto RGB 是一种超广色域的颜色空间，适用于高端的摄影和印刷应用。

当把各项参数信息设置完后，单击"创建"按钮，即可完成新建图像文件的操作。

"新建文档"对话框顶部还可以根据用途和需求选择预设好的文档类型，包括照片、打印、图稿和插图、Web、移动设备、胶片和视频 6 类，如图 2-3 所示。当选择"照片"选项时，"新建文档"对话框左侧显示多种照片类型，右侧显示该类型照片文件已设置好的参数信息，并且可以对其进行修改。

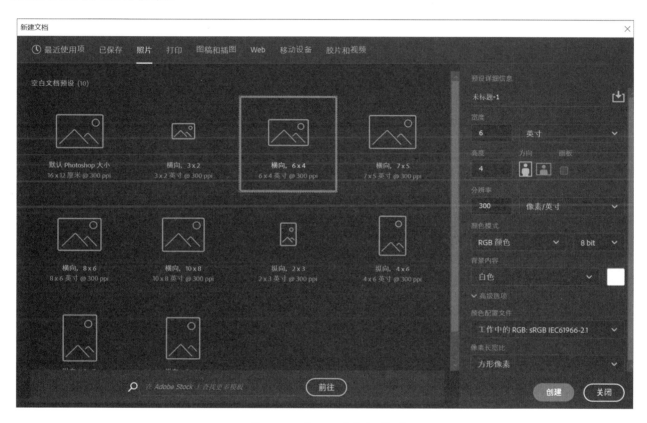

图 2-3　预设好的文档类型

# 任务 2　打开图像文件

如果需要编辑一个已经存在的图像文件，则要先打开该图像文件。下面介绍打开图像文件的操作方法。

**操作步骤**

（1）选择"文件"→"打开"命令，或者按快捷键 Ctrl+O，打开"打开"对话框，如图 2-4 所示，选择图像文件所在的文件夹。

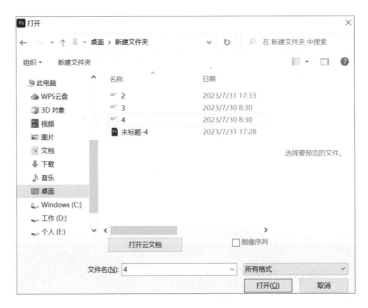

图 2-4 "打开"对话框

（2）在文件列表中，单击所需的文件名，可以预览指定文件的图像。如果想要一次打开多个图像文件，则可以在按住 Ctrl 键的同时，选中多个图像文件，或者在按住 Shift 键的同时，选中连续多个图像文件的第一个和最后一个图像文件即可。

（3）单击"打开"按钮，打开选中的一个或多个图像文件。单击"取消"按钮，取消打开图像文件的操作。双击文件列表中所需的图像文件，也可以直接打开该图像文件。

我们还可以通过以下方式打开已有图像文件。

（1）直接找到需要打开的图像文件并右击，在弹出的快捷菜单中选择"打开方式"→"Adobe Photoshop 2021"命令，即可快速打开该图像文件，如图 2-5 所示。

图 2-5 选择"Adobe Photoshop 2021"命令

如果已经启动了 Photoshop，则可以直接单击鼠标左键并拖动该图像文件到任务栏中的 图标上，此时将显示 Photoshop 的工作界面，不要释放鼠标左键，将该图像文件拖动到图像编辑区的"标题栏"，即可打开该图像文件，如图 2-6 所示。

图 2-6 将图像文件拖动到"标题栏"

（2）如果该图像文件最近被打开过，则打开 Photoshop 工作界面后可以在右侧显示最近使用过的图像文件，直接选择即可打开该图像文件，如图 2-7 所示。

图 2-7　最近使用过的图像文件

或者选择"文件"→"最近打开文件"命令，在子菜单中选择相应的图像文件即可，如图 2-8 所示。

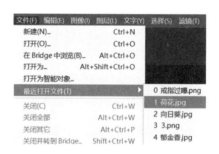

图 2-8　选择相应的图像文件

# 任务 3　保存图像文件

在新建或编辑图像文件过程中，一定要及时保存图像文件，以防图像文件丢失或操作没有得到保存。保存图像文件有以下两种方式。

## 一、使用"存储"命令保存图像文件

这种保存方式，可以在文件名、文件格式不改变的情况下快速存储当前正在编辑的图像文件，也可以按快捷键 Ctrl+S 快速存储。如果图像文件在打开后没有进行修改，则此命令处于灰色不可用状态。如果图像文件还未保存过，则打开"存储为"对话框，如图 2-9 所示，需要在该对话框中单击"保存到云文档"按钮或"保存在您的计算机上"按钮。

图 2-9 "存储为"对话框

## 二、使用"存储为"命令保存图像文件

这种保存方式，可以将正在编辑的图像文件以另一个图像文件名或另一种格式存储，而原来的图像文件不变。选择"存储为"命令后，将打开"存储为"对话框。在该对话框中，如果单击"保存到云文档"按钮，则需要先登录 Creative Cloud 的账户再保存。如果单击"保存在您的计算机上"按钮，则打开"另存为"对话框，如图 2-10 所示，选择要存储的文件夹。在"文件名"文本框中输入要保存的文件名，在"保存类型"下拉列表中选择图像文件要保存的格式。在"存储"选项区中还可以设置更多的选项，如可以决定是否将图像文件存储为副本形式、是否保存图层信息、是否保存图像的注释、是否保存 Alpha 通道等。

图 2-10 "另存为"对话框

在存储图像文件时，如果图像含有图层、通道、路径等，则最好使用 *.PSD 格式保存，以免丢失信息。

# 任务 4　认识图像文件的格式

Photoshop 支持多种格式的图像文件，如 *.JPG、*.EPS、*.PSD、*.BMP、*.PCX、*.TIF 等。图 2-11 所示为 Photoshop 图像文件格式列表。下面介绍几种常见的图像文件格式。

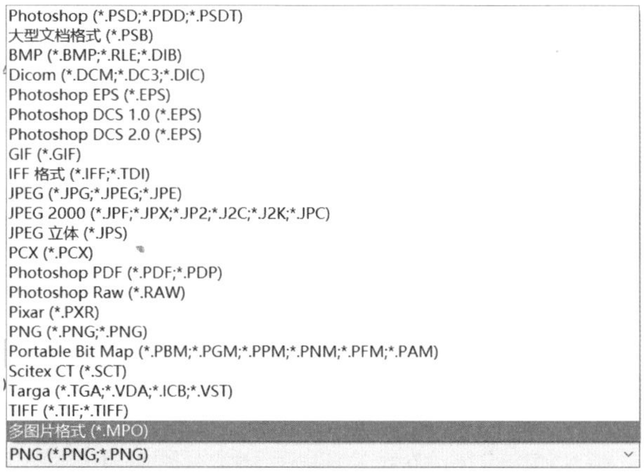

```
Photoshop (*.PSD;*.PDD;*.PSDT)
大型文档格式 (*.PSB)
BMP (*.BMP;*.RLE;*.DIB)
Dicom (*.DCM;*.DC3;*.DIC)
Photoshop EPS (*.EPS)
Photoshop DCS 1.0 (*.EPS)
Photoshop DCS 2.0 (*.EPS)
GIF (*.GIF)
IFF 格式 (*.IFF;*.TDI)
JPEG (*.JPG;*.JPEG;*.JPE)
JPEG 2000 (*.JPF;*.JPX;*.JP2;*.J2C;*.J2K;*.JPC)
JPEG 立体 (*.JPS)
PCX (*.PCX)
Photoshop PDF (*.PDF;*.PDP)
Photoshop Raw (*.RAW)
Pixar (*.PXR)
PNG (*.PNG;*.PNG)
Portable Bit Map (*.PBM;*.PGM;*.PPM;*.PNM;*.PFM;*.PAM)
Scitex CT (*.SCT)
Targa (*.TGA;*.VDA;*.ICB;*.VST)
TIFF (*.TIF;*.TIFF)
多图片格式 (*.MPO)
PNG (*.PNG;*.PNG)
```

图 2-11　Photoshop 图像格式列表

## 1．PSD 格式（*.PSD）

PSD 是唯一支持 Photoshop 全部图像颜色模式的文件格式，除此之外，它还能保存通道、图层、路径等信息。它是 Photoshop 的默认保存格式，修改非常方便。当图像文件未处理完，需要先保存时，建议存储为 PSD 格式。

## 2．TIFF 格式（*.TIF）

TIFF 是一种灵活通用的位图格式，常用的读图软件和设计软件都支持这种文件格式。这种格式较为复杂，占用存储空间大，但图像质量好，支持 RGB、CMYK 等多种颜色模式，并且也能保留图层、通道和路径等信息。TIFF 格式被广泛应用于对图像质量要求较高的图像文件存储与转换。

## 3．JPEG 格式（*.JPG）

JPEG（JPG）是一种常用的有损压缩的文件格式。这种格式压缩比可大可小，支持 CMYK、RGB、灰度等颜色模式，但不支持 Alpha 通道，无法存储透明背景效果。使用 JPEG 格式保存的图像经过高倍率压缩，图像文件变得较小，但会丢失部分不易察觉的数据。JPEG 格式被广泛应用于网页图像、商品图像、数码照片等制作中。

## 4．BMP 格式（*.BMP）

BMP 格式文件几乎不压缩，占用磁盘空间较大，是一种标准的点阵式图像文件格式，存储容量为 1bit、4bit、8bit、24bit，支持 RGB、索引、灰度和位图 4 种颜色模式，但不支持 Alpha 通道。这是 Windows 最不容易出问题的格式。

### 5．GIF 格式（*.GIF）

GIF 是一种常用的动态图像格式，由于它是无损压缩格式，因此占用磁盘空间小，非常适合在网络上进行传输，并且支持位图、灰度和索引 3 种颜色模式，还能存储动画和透明背景。

### 6．Photoshop EPS 格式（*.EPS）

Photoshop EPS（简称 EPS）是一种 PostScript 格式。在排版软件中能以较低分辨率预览排版，而在打印时则以较高分辨率输出，支持 Photoshop 中的所有颜色模式，但不支持 Alpha 通道。EPS 格式被广泛应用于绘图和排版中。

### 7．PNG 格式（*.PNG）

PNG 是一种采用无损压缩算法的格式，通过压缩来减少图像文件的大小，但不会牺牲图像质量。这使得 PNG 格式文件在网络上传输时，极大地减少了传输时间，又不会失去图像的准确性，从而节约了网络流量和带宽。PNG 格式支持索引、灰度、RGB 三种颜色模式，以及 Alpha 通道等特性、透明背景。

## 任务 5　关闭图像文件

完成图像的编辑并保存后，就可以关闭图像文件，关闭图像文件的操作有以下几种方式。

（1）关闭图像文件。选择"文件"→"关闭"命令，或者按快捷键 Ctrl+W，又或者单击该图像文件窗口右上角的■按钮，即可关闭当前图像文件。如果该图像文件编辑过但没有

图 2-12　是否需要存储的对话框

保存，则选择"关闭"命令后会打开是否需要存储的对话框，如图 2-12 所示，如果需要保存，则单击"是"按钮；如果不需要保存，则单击"否"按钮，就不会保存打开图像文件后的操作并关闭该图像文件。如果单击"取消"按钮，则不执行关闭图像文件命令，原有的图像文件仍处于打开状态。

（2）关闭全部图像文件。如果在 Photoshop 中打开了多个图像文件，则可以选择"文件"→"关闭全部"命令，或者按快捷键 Alt+Ctrl+W，即可关闭全部图像文件。

（3）关闭其他图像文件。如果想要关闭除正处于编辑状态的图像文件外的其他图像文件，则可以选择"文件"→"关闭其他文件"命令，或者按快捷键 Alt+Ctrl+P，即可关闭其他图像文件。

## 任务 6　调整图像大小

在图像的处理中根据不同的适用场合，有时需要对图像大小进行调整。下面介绍具体操作。

**操 作 步 骤**

（1）按快捷键 Ctrl+O，打开需要处理的图像文件"向日葵 .jpg"，如图 2-13 所示。

图 2-13　打开的图像文件"向日葵 .jpg"

（2）选择"图像"→"图像大小"命令（或按快捷键 Alt+Ctrl+I），打开"图像大小"对话框，如图 2-14 所示，该对话框的右侧显示图像的宽度、高度、分辨率等信息。

（3）根据需要调整图像的"宽度"为"500像素"，由于宽度和高度处于约束状态，因此高度会根据宽度的更改进行调整，确保宽度与高度比例不变。当调整完宽度后，高度也会随之发生变化，如图 2-15 所示。

图 2-14　"图像大小"对话框

图 2-15　调整图像宽度

如果想要图像不会受到宽度与高度比例的约束，自定义宽度和高度，则单击宽度和高度左侧的 🔒 图标，即可实现"不约束宽度与高度比例"。

（4）选择"文件"→"存储为"命令，打开"另存为"对话框，设置图像存储的位置、文件名和保存类型，单击"保存"按钮。

## 任务 7   调整画布大小

由于前期拍摄构图不合理或后期基于设计需求，有时会需要对画布大小进行调整。画布大小的调整包括缩小画布和扩展画布两种情况。

### 一、缩小画布

**操作步骤**

（1）按快捷键 Ctrl+O，打开需要处理的图像文件"鲜花 .jpg"，如图 2-16 所示。通过观察发现，该图像上下左右没有留白，显得画面比较拥挤，所以需要缩小画布。

（2）选择"图像"→"画布大小"命令（或按快捷键 Alt+Ctrl+C），打开"画布大小"对话框，修改画布的"宽度"为"40 厘米"，"高度"为"35 厘米"，将图像定位在左下角，如图 2-17 所示。

图 2-16   打开图像文件"鲜花 .jpg"

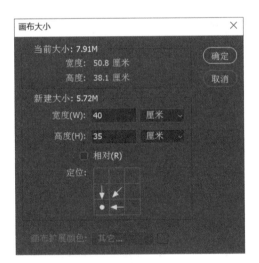

图 2-17   修改画布大小

（3）在"画布大小"对话框中单击"确定"按钮后，打开如图 2-18 所示的提示对话框。

（4）单击"继续"按钮，即可对原有画布进行裁剪，由于将图像定位在左下角，因此最终保留了左下角的图像，只裁剪其他区域，效果如图 2-19 所示。

图 2-18　提示对话框

图 2-19　裁剪画布后的效果

## 二、拓展画布

下面为处理好的图像添加边框，可以通过拓展画布来实现。

**操作步骤**

（1）增加画布的宽度和高度。选择"图像"→"画布大小"命令（或按快捷键 Alt+Ctrl+C），打开"画布大小"对话框，将画布的宽度和高度各增加 1 厘米，如图 2-20 所示。

（2）设置画布扩展颜色。如果想要设置拓展出来的区域颜色，则在"画布扩展颜色"下拉列表中选择"其他[①]"选项，如图 2-21 所示，并在打开的"拾色器"对话框中设置颜色为 RGB（36,89,0），该颜色就可以作为"画布扩展颜色"。

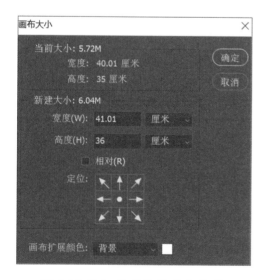

图 2-20 增加画布的宽度和高度

图 2-21　选择"其他"选项

（3）将"画布大小"对话框中的"宽度"、"高度"与"画布扩展颜色"设置好后，单击"确定"按钮，发现图像四周拓展了一部分空间，并呈现出边框效果，如图 2-22 所示。

---

① 软件图中"其它"的正确写法应为"其他"。

（4）选择"文件"→"存储"命令，保存该图像。

【相关知识】如果只想在某一个方向修改画布，则可以使用"画布大小"对话框中的"定位"选项。"定位"选项用于决定画布向哪个方向拓展或缩小。如果只想让画布在下边添加2厘米，则在"定位"选项中可以先单击 图标，如图 2-23 所示，再更改其原有的高度即可。

图 2-22　拓展画布后的图像效果　　　　　　　图 2-23　设置"定位"选项

# 任务 8　输入与输出图像

## 一、输入图像

想要在 Photoshop 中获取一幅图像，除在 Photoshop 中打开图像外，另外几种重要的图像输入方法就是通过扫描仪、数码相机、数位板或数位屏获取。

### 1. 通过扫描仪获取图像

通过扫描仪扫描图像是 Photoshop 获取外来图像的一种有效方法，但是能否获取高品质的扫描效果还与原始图像的种类及扫描仪的性能有关。

在进行扫描之前，要考虑希望获取图像的取样分辨率，如果取样分辨率过低，则得到的扫描图像就会比较粗糙。并非扫描取样分辨率越高越好，如果取样分辨率过高，远远超过了编辑或打印的需要，则所得的图像会占用系统较大的内存资源和硬盘空间，而且在编辑和打印该图像时，运行速度会极大下降，所以用户在扫描之前，要根据实际需求来确定扫描图像时的取样分辨率。

### 2. 通过数码相机获取图像

数码相机能够直接拍摄照片，并且集成了影像信息的转换、存储及传输等部件，具有数字化存储功能，可以与计算机进行数字信息交换，将图像信息直接输入 Photoshop 中进行处理，是一种很方便地获取图像的工具。

### 3. 通过数位板或数位屏获取图像

对于许多平面设计师来说，拥有一个良好的创作环境是保证创作高质量作品的前提。随着技术的进步，出色的设计软件、强大的硬件，让创作迈向了新的高度，目前很多平面设计师在修图 / 画图时，借助数位板或数位屏等外部设备来提升创作效率。

数位板又被称为绘画板或手绘板，是一种输入设备，通常由一块板子和一支压感笔组成，如图 2-24 所示，就像画家的画板和画笔。数位板主要针对设计人群，用于绘画创作，利用压感笔在板子上进行绘画后，可以显示在计算机或手机屏幕上。类似利用鼠标指针在计算机上绘画一样，但是数位板的输入使画质更加真实、精细，可以根据设计师的力度，绘制出变化多端的线条，通过数位板可以绘制出逼真的画面和栩栩如生的人物。

随着技术的升级，目前市面上还出现了数位屏。数位屏由一块液晶屏、主动式数位笔和支撑架组成，如图 2-25 所示，一般被应用于工业设计、建筑制图、服装设计、多媒体制作、设计出版等领域。数位屏是一种输入 / 输出设备，可以直接在屏幕上进行绘画并显示，是手绘板和显示屏的结合。数位屏的尺寸和外形比数位板要大，虽然不方便携带，但是能更高效地完成精细复杂的画面，适合对画质要求较高的设计人群。

图 2-24　数位板

图 2-25　数位屏

除了数位板和数位屏，还有手绘一体机电脑，如图 2-26 所示。它的屏幕更大，并对触摸操控系统进行了升级，开机就可以创作，省去了连接电脑的烦琐，桌面也更为整洁。

## 二、输出图像

输出是图像处理的最后一步，也是非常关键的一步。正确的输出方式能够保证图像效果得到最大化的发挥。

在输出图像时需要注意以下几点。

图 2-26　手绘一体机电脑

（1）输出图像的格式和尺寸需要根据实际需求来选择，如印刷品、网络图像等有不同需求。

（2）在输出图像前需要进行一些基本的检查，如分辨率、图像质量等。

图 2-27 "Photoshop 打印设置"对话框

（3）在输出图像后，需要对图像进行一些基本的压缩和优化，以便上传与分享。

有时设计的图像也需要打印。下面详细介绍打印图像的方法。

（1）添加打印机，安装打印机驱动程序，测试打印机能否正常打印。

（2）选择"文件"→"打印"命令，在打开的"Photoshop 打印设置"对话框中进行打印设置，如图 2-27 所示。

其中，主要设置以下选项。

- 份数：一次打印几份图像文件。
- 版面：打印时的图像方向，选择"纵向"或"横向"。
- 位置：打印时的图像位置是"居中"还是自定义精准设置。
- 缩放后的打印尺寸：打印时图像的缩放比例，以及高度和宽度的设置。

（3）还可以单击"打印设置"按钮，打开"Lenovo M7208W Pro 属性"对话框，如图 2-28 所示。在该对话框中对打印机的各项参数进行详细设置。设置完各项参数后，单击"确定"按钮即可。

图 2-28 "Lenovo M7208W Pro 属性"对话框

# 任务 9　喷绘和写真的要求

喷绘是指户外画面输出，且输出的画面很大，如高速公路旁众多的广告牌就是使用喷绘机输出的，输出的最大幅宽为 3.2m。喷绘机使用的介质一般都是广告布（又被称为灯箱布），使用油性墨水。喷绘公司为了保证画面的持久性，画面的色彩要比显示器上的色彩深一些，它实际输出的图像分辨率为 30dpi ～ 45dpi（设备分辨率）。

写真是户内使用的，输出的图像一般只有几平方米，输出的最大幅宽为 1.5m。写真机使用的介质是 PP 纸、灯片、水性墨水。在输出图像后，还要覆膜、裱板才算成品，输出的图像分辨率为 300dpi ～ 1200dpi（机型不同，图像分辨率也会有所不同），图像色彩比较饱和、清晰。

下面简单介绍喷绘和写真中有关制作和输出图像的要求。

## 1. 尺寸大小

喷绘图像的尺寸大小和实际要求的图像大小是一样的，它与印刷不同，不需要留出"出血"的部分。喷绘公司会在输出图像时留"白边"（一般为 10cm）。

写真输出图像也不需要留出"出血"的部分，按照实际图像大小作图即可。

## 2. 图像分辨率的要求

喷绘图像的尺寸往往是很大的，如果较大的画面还要使用印刷的分辨率，则容易导致计算机卡顿或死机。其实喷绘图像的分辨率也没有统一的标准，下面是在制作不同尺寸的喷绘图像时使用的一些分辨率，仅供参考（图像面积的单位为 $m^2$）。

① 180$m^2$ 以上，分辨率为 11.25dpi。

② 30$m^2$ ～ 180$m^2$，分辨率为 22.5dpi。

③ 1$m^2$ ～ 30$m^2$，分辨率为 45dpi。

在一般情况下，写真分辨率设置为 72dpi 即可，如果图像尺寸过大（在 Photoshop 新建图像显示实际尺寸时文件大小超过 400MB），则可以适当地降低分辨率，把文件大小控制在 400MB 以内。

## 3. 图像模式的要求

喷绘统一使用 CMKY 颜色模式，禁止使用 RGB 颜色模式。现在的喷绘机都是四色喷绘的，在制作图像时要按照印刷标准，而喷绘公司会调整图像颜色与小样接近。

写真既可以使用 CMKY 颜色模式，也可以使用 RGB 颜色模式。需要注意的是，在 RGB 颜色模式中洋红的值用 CMKY 定义，即 M=100，Y=100。

### 4．黑色部分的要求

喷绘图像和写真图像都严禁使用单一黑色值，必须添加 C、M、Y 色，组成混合黑。如果是大黑，则可以做成 C=50，M=50，Y=50，K=100。特别是在 Photoshop 中用此效果时，应该把黑色部分改为四色黑，否则画面上黑色部分会有横道，影响整体效果。

### 5．存储要求

喷绘图像和写真图像最好存储为 TIFF 格式，注意不要存储为压缩的格式。

## 课后训练 2

1．常用的图像格式有哪几种？各有什么特点？

2．在商业运用中，常用的图像分辨率有哪些？

3．新建一个长、宽分别为 10cm 和 15cm，分辨率为 200dpi 的 CMYK 图像，并给该图像命名为"航天人的梦"。

4．打开一幅照片或图像，调整图像大小；将其分别存储为 *.TIFF、*.JPG、*.PSD 格式，并比较这 3 种图像格式所占的存储空间大小。

5．一个面积为 $50m^2$ 的户外广告，一般采用写真还是喷绘？使用多大的图像分辨率才合适？

# 项目 3
# 工具的使用

**项目要点**

◆ 掌握选区的增加、减去、相交的运算方法。

◆ 掌握路径的操作方法。

◆ 了解聚焦工具组、曝光工具组、图章工具组、修补工具组中各工具的功能。

**思政要求**

◆ 发扬执着专注、精益求精的工匠精神。

◆ 培养自我思考、自我探寻、自我研究、勇于突破的创新精神。

工具箱是 Photoshop 的重要组成部分，平时制作的各种精美图片都必须通过工具箱中的工具来实现，这里包括绘画用的铅笔、橡皮擦等工具，有些工具嵌套在同一个工具组中。Photoshop 中的工具不仅比日常生活中所见的绘画工具完善得多，也好用得多。下面介绍这些工具的使用方法。

图 3-1 所示为 Photoshop 的工具箱。

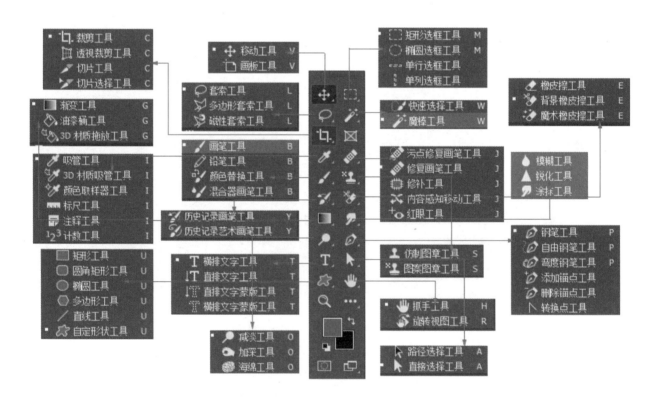

图 3-1　Photoshop 的工具箱

## 任务 1　选区工具组

本任务将制作如图 3-2 所示的 COC 轮胎公司标志图案。要想完成该任务，需要学习选区工具组中工具的使用方法。

选择操作是进行图像处理最基本的操作。选区的主要目的是使图像处理的范围限定在选定的区域内，而对区域外毫无影响。例如，对图形的某部分做一个扭曲变形，就可以先利用选区对想要做扭曲变形的区域进行选择，再进行相应的操作即可。在 Photoshop 中，选择选区的方法有很多种，使用选区工具组中的工具进行选择是最基本的一项操作。下面介绍选区工具组中工具的使用方法。

在工具箱中，工具组的右下角有一个黑色三角形符号，表示该工具组中嵌套一些与之相关联的工具。例如，单击矩形选框工具右下角的三角形符号，弹出与之相关联的工具，如图 3-3 所示。

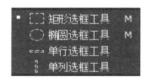

图 3-2　COC 轮胎公司标志图案　　　　图 3-3　规则选择工具组

### 一、规则选择工具组

1. 矩形选框工具

选择矩形选框工具，在图像中拖动鼠标指针，可以创建一个由蚁行线组成的矩形选区。选择矩形选框工具后，其属性栏如图 3-4 所示。

图 3-4　矩形选框工具属性栏

单击█按钮可以在绘图区域绘制任意的矩形选区，如图 3-5 所示。如果想要绘制正方形选区，则只需要按住 Shift 键不放，在绘图区域中拖动鼠标指针即可，如图 3-6 所示。

图 3-5 绘制任意矩形选区　　　　　　　　　　　图 3-6 绘制正方形选区

图3-5和图3-6绘制的都是一些规则的矩形选区。如果想要绘制一个"十"字形选区或"回"字形选区，则应该怎样进行操作呢？使用矩形选框工具属性栏中的 ■ ■ 两个按钮就可实现这两种操作。单击 ■ 按钮可以在第一个选区的基础上加入选区（等同于选取时按住 Shift 键不放），单击 ■ 按钮可以在第一个选区的基础上减去选区（等同于选取时按住 Alt 键不放）。图 3-7 所示为绘制"十"字形选区。图 3-8 所示为绘制"回"字形选区。

图 3-7 绘制"十"字形选区　　　　　　　　　　图 3-8 绘制"回"字形选区

■是进行交叉区域选择的按钮。下面以一个交叉区域选择的过程来说明该按钮的使用。图 3-9（a）所示为两个矩形交叉后所形成的选区，效果如图 3-9（b）所示。

（a）　　　　　　　　　　　　　　　　　　　　　　（b）

图 3-9 选区交叉前与交叉后的效果

在"羽化"选项中，通过设置羽化值的大小可以控制选区边缘的羽化程度，羽化值设置得越大，羽化程度也就越大。如果对羽化后的选区进行色彩填充，则可以在选区的边缘产生柔和的色彩过渡效果。下面以羽化值为0像素和10像素的两个矩形为例，进行色彩填充对比，如图 3-10（a）和图 3-10（b）所示。

（a）　　　　　　　　　　　　　　　　　　（b）

图 3-10　设置不同羽化值后的色彩填充对比图

从图 3-10 中可以明显看出，羽化值为 0 像素和羽化值为 10 像素的两个矩形之间的色彩过渡差异，所以在以后的案例中，如果想要进行柔和的色彩过渡，则羽化是一种非常好的方法。如果想要创建不同程度的羽化选区，则必须分别在选区的属性栏中设置不同的羽化值。

如果想要对一个绘制好的选区进行羽化，则可以在选区中右击，并在弹出的快捷菜单中选择"羽化"命令进行设置。这种方法与先设置羽化值再绘制选区的操作效果是一样的。

如果想要撤销选区，则可以在选区外单击，或者按快捷键 Ctrl+D 来实现。

在矩形选框工具属性栏的"样式"下拉列表中有"正常"、"固定比例"与"固定大小"3 个选项，其说明如下。

- "正常"选项：可以使用鼠标指针在图像中绘制任意大小和方向的矩形。

- "固定比例"选项：可以在其后面的文本框中输入一定的宽、高比例值，如宽度值为 1，高度值为 2，表示绘制出的选区宽度与高度的比例为 1 ∶ 2。

- "固定大小"选项：可以在"宽度"文本框与"高度"文本框中输入需要的值，这样只需在绘图区域中单击，就可以绘制出一个固定大小的选区。

2. 椭圆选框工具

椭圆选框工具用于在图像中绘制椭圆形或圆形选区。椭圆选框工具属性栏与矩形选框工具属性栏基本相同，只是多了一个"消除锯齿"复选框。这个复选框的作用是使绘制的椭圆形平滑程度更好一些。在图 3-11 所示的两幅图像中，左侧是没有勾选"消除锯齿"复选框的椭圆形选区效果，右侧是勾选"消除锯齿"复选框后的椭圆形选区效果。通过两幅图像效果的对比，可以看出"消除锯齿"复选框对选区平滑程度所产生的影响。

（a） （b）

图 3-11 勾选"消除锯齿"复选框前后对比效果

在椭圆选框工具属性栏的"样式"下拉列表中有 3 个与矩形选框工具属性栏的"样式"下拉列表一样的选项，其具体设置和使用方法与矩形选框工具相同，只是前者绘制的是椭圆形选区，而后者绘制的是矩形选区。

下面请读者尝试使用椭圆选框工具或矩形选框工具绘制如图 3-12 所示的图形。

（a） （b）

图 3-12 使用椭圆选框工具或矩形选框工具绘制图形

3. 单行选框工具与单列选框工具

单行选框工具与单列选框工具使用得较少，该工具常用于修补图像中丢失的像素或创建辅助线条。在工具箱中选择这两个工具后，会在属性栏中出现如图 3-13 所示的选项，这里所有的选项与前面所讲的选框工具的选项相同。

图 3-13 单行选框工具与单列选框工具属性栏

因为单行选框工具与单列选框工具的内部宽度只有 1 像素，所以当设置羽化时会打开一个警告对话框，提示任何像素都不大于 50%，选区边缘虽不可见，但这时选区却是存在的。图 3-14 所示为羽化值为 2 像素的单行选区填充黑色后的效果。这就说明虽然羽化后的选区看不见，但它绝对存在。

图 3-14　羽化并填充黑色后的单行选区效果

单行选框工具或单列选框工具除了可以用于创建单行选区或单列选区，还可以用于修复因电分扫描图像时所形成的激光痕。

## 二、套索工具组

套索工具组由套索工具、多边形套索工具、磁性套索工具组成，如图 3-15 所示。

### 1. 套索工具

选择套索工具，拖动鼠标指针可以绘制任意形状的选区。由于在拖动鼠标指针的过程中，难以控制选区的形状，因此该工具经常用于绘制要求不是很严格的区域形状。图 3-16 所示为使用套索工具绘制头像。

图 3-15　套索工具组　　　　　　　　　　图 3-16　使用套索工具绘制头像

### 2. 多边形套索工具

使用多边形套索工具可以绘制一个多边形选区，当多边形的边足够多时，它能很好地绘制各种曲线形状的选区。多边形套索工具能够精确地控制选区的形状，但使用该工具在绘制选区时比较费时、费力。

我们在使用多边形套索工具绘制选区时，先通过单击确定多边形选区的起点，将鼠标指针移动到新的位置，再次通过单击确定多边形的下一个端点，依次操作，直至需要闭合选区。在操作过程中，要注意每条直线的边不要太长，这样才能很好地绘制曲线形状的选区。

在操作时，有时会将图像放大进行选取，如果图像显示得太大，则有一部分会被隐藏，这时可以按 Space 键，多边形套索工具就变成了抓手工具，这样就可以拖动图像，显示被隐藏的部分，松开 Space 键后，又回到多边形套索工具。

如果想要多边形的某一条边是曲线，则在拖动鼠标指针的同时按住 Alt 键，完成后先松开 Alt 键，再释放鼠标指针。如果想要完成选区的创建，则双击即可，或者单击起点也可以完成选区的创建。

### 3．磁性套索工具

磁性套索工具使用曲线绘制任意形状的选区。它与套索工具的区别是，用户只需大体指定选区的边界，就能够自动根据图像颜色的区别来识别选区的边界。磁性套索工具在选择具有清晰边界的物体时最为有效，而在边界不够清晰时不能得到精确的选区。图 3-17 所示为磁性套索工具的属性栏。

图 3-17　磁性套索工具属性栏

当选择磁性套索工具后，可以通过图 3-17 中的选项对参数进行设置，以达到想要的效果，其主要选项的功能如下。

- "宽度"文本框：设置在距离鼠标指针多大的范围内检测边界，取值范围为 1 ～ 40 像素。

- "频率"文本框：设置磁性套索工具的定位点出现的频率，取值范围为 0 ～ 100。如果该值越大，则选区边界的定位点的数量就越多，选区边界固定得也越快。

- "对比度"文本框：设置检测图像边界的灵敏度。取值范围为 1% ～ 100%，较大的取值探测对比度较高的边界，较小的取值探测对比度较低的边界。图 3-18（a）所示为使用多边形套索工具完成的图像选取操作效果，图 3-18（b）所示为使用磁性套索工具完成的图像选取操作效果。

图像选取的好坏程度要根据上述的几个选项来确定。

（a）　　　　　　　　　　　　　　　　（b）

图 3-18　使用多边形套索工具与磁性套索工具完成的图像选取操作效果对比

磁性套索工具的精确度和选项的设置有很大关系。对于具有明显边界的图像，可以设置较大的宽度和较高的对比度，用户只需要粗略勾画边界即可完成；而对于边界比较模糊的图像，可以设置较小的宽度和较低的对比度，用户需精细跟踪边界的轨迹。因为图像不同的颜色通道具有不同的清晰度，所以还可以通过通道面板选择一个边界清晰的通道，使用磁性套索工具进行操作。

## 三、魔棒工具

魔棒工具主要用于选择颜色相近的图像区域，在图像中单击，则自动选择容差范围所允许的色彩区域。魔棒工具属性栏如图 3-19 所示。前面几个选项的使用方法与矩形选框工具属性栏中几个选项的使用方法相同。

图 3-19　魔棒工具属性栏

- "容差"文本框：该选项的默认值为 32，其含义是在使用魔棒工具单击的色彩点上下偏差 32 像素的色彩区域都能被选取。图 3-20 所示为使用魔棒工具在同一个点但容差分别设置为 10 像素、20 像素、30 像素、40 像素、50 像素、60 像素所得到的选区效果。

- "对所有图层取样"复选框：如果勾选"对所有图层取样"复选框，则可以选择不同图层中着色相近的区域。

- "连续"复选框：如果勾选"连续"复选框，则可以选择颜色相近的连续区域；否则，选择颜色相近的不连续区域。

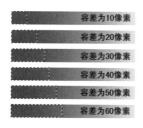

图 3-20　设置不同容差后的选区效果

## 四、移动工具

移动工具主要用于移动图层或选择的图像内容，可以完成排列、组合移动和复制等操作。在使用其他工具过程中，按 Ctrl 键可以切换为移动工具。图 3-21 所示为移动工具属性栏。

图 3-21　移动工具属性栏

使用移动工具在绘图区域右击，将弹出一个选择当前图层的快捷菜单。快捷菜单中列出了当前鼠标指针所在位置的像素的所有图层，这样可以快捷地选择当前图层。在有选区的情况下还可以选择以下几种对齐方式。

- "自动选择"复选框：用于将移动工具下方的第一个图层自动设置为当前图层。

- "显示变换控件"复选框：用于显示移动区域的边框。

- "左对齐"按钮 ：可以将链接图层的最左端的像素与当前图层的最左端的像素对齐，或与选区边框的最左边对齐。

- "水平中对齐"按钮 ：可以将链接图层的垂直方向的中心像素与当前图层的垂直方向的中心像素对齐，或者与选区边框的垂直中心对齐。

- "右对齐"按钮 ：可以将链接图层的最右端的像素与当前图层的最右端的像素对齐，或与选区边框的最右边对齐。

- "顶对齐"按钮 ：可以将链接图层的顶端像素与当前图层的顶端像素对齐，或与选区边框的顶边对齐。

- "垂直中对齐"按钮 ：可以将链接图层的水平方向的中心像素与当前图层的水平方向的中心像素对齐，或者与选区边框的水平中心对齐。

- "底对齐"按钮 ：可以将链接图层的底端的像素与当前图层的底端的像素对齐，或与选区边框的底边对齐。

- "按顶分布"按钮 ：可以从每个图层的顶端像素开始，以平均间隔分布链接的图层。

- "垂直中心分布"按钮 ：可以从每个图层的垂直方向的中心像素开始，以平均间隔分布链接的图层。

- "按底分布"按钮 ：可以从每个图层的底端像素开始，以平均间隔分布链接的图层。

- "按左分布"按钮 ：可以从每个图层的最左端像素开始，以平均间隔分布链接的图层。

- "水平中心分布"按钮 ：可以从每个图层的水平方向的中心像素开始，以平均间隔分布链接的图层。

- "按右分布"按钮 ：可以从每个图层的最右端像素开始，以平均间隔分布链接的图层。

温馨提示

Photoshop 只对齐和分布所含像素的不透明度大于 50% 的图层。例如，使用"顶对齐"按钮，链接的图层只与当前图层顶端不透明度大于 50% 的像素对齐。

图 3-22 所示为不同对齐方式效果图，在操作过程中必须将所有操作图层进行链接。与选区进行对齐是指一个图层中的操作。例如，想让一个图形对齐到选区中间，只需选择工具箱中的移动工具后，单击"水平中对齐"按钮与"垂直中对齐"按钮即可，这种方法对于背景图层不起任何作用。

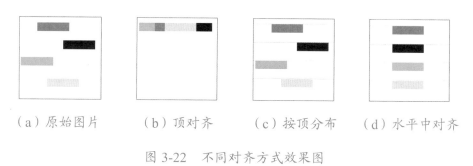

（a）原始图片　　　（b）顶对齐　　　（c）按顶分布　　　（d）水平中对齐

图 3-22　不同对齐方式效果图

## 五、裁剪工具

裁剪工具主要用于裁剪不用的图像部分，使用方法非常简单，首先只要在工具箱中选择裁剪工具，然后在图像上拖动鼠标指针即可创建一个裁剪框，框内的部分是最终要保留下的图像，而框外的部分就是要被裁剪的图像，创建完裁剪框后，可以按 Enter 键或在裁剪框内双击，就可以裁剪图像的多余部分。裁剪图像除了使用裁剪工具，还可以使用矩形选框工具先选取图像需要保留的部分，再选择"图像"→"裁剪"命令，实现裁剪图像的功能。裁剪图像前后对比效果如图 3-23 所示。

（a）裁剪图像前　　　　　　　　　　　　（b）裁剪图像后

图 3-23　裁剪图像前后对比效果

## 六、切片工具组

切片工具组主要是用于进行相关位置的链接，多应用于网页制作。

### 1. 切片工具

使用切片工具可以从一个图层或选区中创建切片。如果是在一个图层中创建所需要的切片，则切片包含了图层中所有的像素信息，在对图层进行编辑时，切片区将自动进行调整，以包含新的图像像素内容。切片工具属性栏如图 3-24 所示。

图 3-24 切片工具属性栏

"样式"下拉列表有 3 个选项："正常"、"固定长宽比"与"固定大小"，这 3 个选项的功能与矩形选框工具属性栏中"样式"下拉列表的 3 个选项的功能相同，用于确定切片大小。

### 2. 切片选择工具

当用户创建的多个切片重叠在一起时，最后创建的切片将按堆栈顺序位于最上方。但是这些切片的顺序是可以改变的。用户可以指定位于堆栈最上方或最下方的切片，也可以将切片的位置进行上下移动。切片选择工具属性栏如图 3-25 所示。

图 3-25 切片选择工具属性栏

● ：用于切片排列顺序，从左到右依次表示置于顶部、上移一层、下移一层、置于底部。

● "为当前切片设置选项"按钮 ：单击该按钮可以打开"切片选项"对话框，如图 3-26 所示。

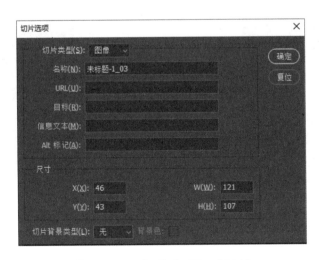

图 3-26 "切片选项"对话框

"切片选项"对话框中的主要选项功能如下。

● "切片类型"下拉列表：该下拉列表中有"图像"和"非图像"两个选项以供选择。图像切片包含图像数据；而非图像切片只包含纯色或超文本，由于它不包含图像数据，因此下载速度非常快。

● "名称"文本框：用于输入切片的名称。

● "URL"文本框：主要用于为切片设置地址，使切片区域成为网页热区。但它只对图像切片有效。

● "目标"文本框：主要用于设置目标结构的名称。它必须与 HTML 文件中定义的结构一致。

● "Alt 标记"文本框：主要用于为切片设置标签的信息。

## 七、路径选择工具组

### 1. 路径选择工具

单击路径上的任意位置，可以选择路径的所有锚点；按住鼠标左键拖曳路径，可以移动整个路径；按住 Alt 键的同时，使用鼠标指针拖曳路径，可以复制路径，如图 3-27 所示。

### 2. 直接选择工具

单击某个锚点可以选择该锚点，被选择的锚点呈黑色；按住鼠标左键拖动锚点，可以改变锚点位置；拖动锚点两侧的控制杆，可以改变路径的形状，如图 3-28 所示；按住 Shift 键的同时，单击锚点，可以选择多个锚点；按住 Alt 键的同时，单击任意一个锚点，可以选择该路径上的所有锚点。

 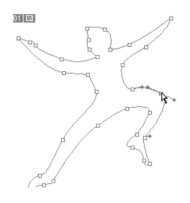

图 3-27　复制路径　　　　　　　　图 3-28　改变路径的形状

## 八、调整选区

前面讲述的都是通过几何形状和利用相似颜色来创建选区，但有时这些选区不能令人满意，还需要进行进一步的调整。

1．移动选区

移动选区的操作非常简单，只要选择了任何一个套索工具，将鼠标指针移动到选区的中间，鼠标指针就会变成 形状，拖动鼠标指针，就可以移动选区，如图 3-29 所示。

（a）　　　　　　　　　　　　　　　　　　　（b）

图 3-29　移动选区

不但可以在同一幅图像中移动选区，还可以在不同图像之间移动选区。在不同图像之间移动选区，可以在套索工具处于选择状态时，利用鼠标指针把选区直接从源图像拖动到目标图像即可。图 3-30 所示为在不同图像之间的移动选区。把选区从源图像移动到目标图像后，选区可能有变大或变小的情况，这主要是由目标图像的尺寸（分辨率）和源图像的尺寸（分辨率）不相同造成的。

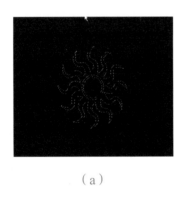 

（a）　　　　　　　　　　　　　　　　　　　（b）

图 3-30　在不同图像之间的移动选区

在移动选区时，使用键盘上的箭头键，可以一次移动一个像素的位置。这种移动选区的方法在精确移动选区时具有很大用处。

2．增大选区或减小选区

当使用选择工具创建一个选区后，有两种方法可以对当前的选区进行增大或减小操作。

第一种：当按住 Shift 键后，继续选取图像中的其他区域，可以增大选区；当按住 Alt 键后，继续选取图像中的其他区域，可以减去选区，也就是从当前选区中减去不想要的区域。

第二种：使用属性栏中的按钮也可以增大选区或减小选区。

### 3．选区与选区之间的增加、减去、相交运算

在属性栏中，首先单击"添加到选区"按钮█，然后绘制选区，可以看见新绘制的选区添加到了原选区之中。当然，新绘制的选区要比原选区大或与原选区交叉，才会有效果。

在属性栏中，首先单击"从选区减去"按钮█，然后绘制选区，可以看见新绘制的选区从原选区中减去。

在属性栏中，首先单击"与选区交叉"按钮█，然后绘制选区，可以看见两个选区相交的部分被保留下来。

### 实战案例：制作 COC 轮胎公司标志

本案例使用选框工具制作 COC 轮胎公司标志，制作该标志主要使用了选区的变换及填充。在制作该标志前，必须对标志对象的最终效果有一个明确的认识，对制作的先后顺序进行一定的分析，这样可以达到事半功倍的效果。

### 操作步骤

（1）选择"文件"→"新建"命令，在打开的"新建文档"对话框中进行相应的设置，如图 3-31 所示，单击"创建"按钮，得到定制画布。

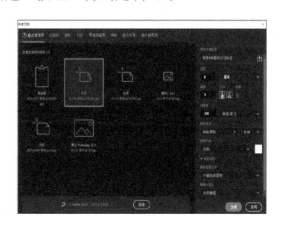

图 3-31　设置"新建文档"对话框中的参数

（2）绘制 COC 轮胎公司标志外圆环。单击图层面板中的█按钮，新建图层 1，在工具箱中选择椭圆选框工具█，按住 Shift 键，在画布上拖动鼠标指针，绘制正圆形选区，如图 3-32 所示。

（3）设置前景色为#96a2ff，按快捷键 Alt+Delete 为正圆形选区填充前景色，效果如图 3-33 所示。

图 3-32　绘制正圆形选区　　　　　　　　　　图 3-33　填充前景色后的正圆形选区

（4）选择"选择"→"变换选区"命令，将鼠标指针放在变换选区控制框的右下角，按住 Alt 键，向变换控制框左上角拖动鼠标指针，调整其选区大小，如图 3-34 所示。在图像选区内双击确定选区变换，按 Delete 键删除选区内的图像，得到圆环，如图 3-35 所示。

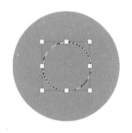

图 3-34　调整选区大小　　　　　　　　　　图 3-35　删除选区内的图像

（5）选中图层 1，按快捷键 Ctrl+J 复制图层，得到图层 1 拷贝图层，使用选择移动工具■将图形位置移动到左侧，如图 3-36 所示。设置前景色为 #96dbff，使用油漆桶工具■填充前景色，效果如图 3-37 所示。

图 3-36 将图形移动到左侧　　　　　　　　　图 3-37　填充前景色后的圆环

（6）在工具箱中选择矩形选框工具■，在画布上拖动鼠标指针绘制矩形选区，如图 3-38 所示。按 Delete 键，删除一半圆环，得到半圆环，如图 3-39 所示。

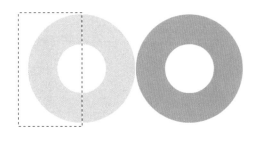

图 3-38　绘制矩形选区

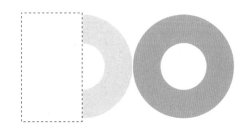

图 3-39　删除选区内的半圆环

（7）选中图层 1 拷贝图层，按快捷键 Ctrl+J 复制图层，得到图层 1 拷贝 2 图层，使用移动工具 ，将左侧半圆环移动到右侧，如图 3-40 所示。按快捷键 Ctrl+T 执行"变换"命令，并在图形上右击，在弹出的快捷菜单中选择"水平翻转"命令，水平翻转右侧半圆环，效果如图 3-41 所示。

图 3-40　将半圆环移动到右侧

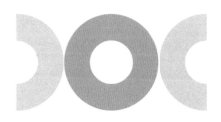

图 3-41　水平翻转右侧半圆环

（8）按住 Shift 键分别选中图层 1、图层 1 拷贝与图层 1 拷贝 2 三个图层，按快捷键 Ctrl+E 盖印图层，将 3 个图层合并。选择矩形选框工具 ，在图形中部绘制分割矩形选区，如图 3-42 所示。按 Delete 键，删除选区，并按快捷键 Ctrl+D，取消选区，如图 3-43 所示。

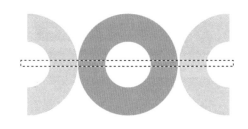

图 3-42　绘制分割矩形选区

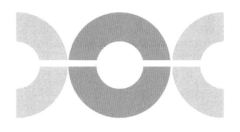

图 3-43　取消选区

（9）设置前景色为 #cbd1ff，使用油漆桶工具 在中间图像下半部分填充颜色。设置前景色为 #caedff，使用油漆桶工具 在左右两侧图像下半部分填充颜色，这样就完成了 COC 轮胎公司标志的制作，效果如图 3-44 所示。

图 3-44 绘制完成后的 COC 轮胎公司标志效果

# 任务 2 绘图工具组

在计算机中，一幅优秀的绘画作品是依靠一系列的绘图工具完成的。Photoshop 不但提供了功能完备、使用简单的绘图工具，而且用户还可以在 Photoshop 的属性栏中对大多数工具的使用特性和编辑效果进行设置，以便美化图像的编辑效果。

本任务是绘制荷花，如图 3-45 所示。要想完成该任务，必须学习画笔工具组、修补工具组、钢笔工具组、路径选择工具组、渐变工具组、图章工具组及历史画笔工具组的使用方法，只有掌握这些工具组的用法，才能绘制出独具魅力的艺术作品。

图 3-45 绘制完成的荷花图片

## 一、设置绘图工具选项

属性栏位于菜单栏下方，选择或取消"窗口"菜单中的"选项"命令可以显示或隐藏属性栏。属性栏用于控制工具使用时各项参数的设置，其中的选项会随着选择工具的不同而改变。图 3-46 所示为画笔工具属性栏。

图 3-46 画笔工具属性栏

下面介绍画笔工具属性栏中常用的选项设置。

### 1. 笔刷的设置

Photoshop 提供的绘图工具有画笔、修补、仿制图章、橡皮擦等，在使用这些绘图工具前先设置笔刷的形状和大小再使用；对于笔刷，可以进行自定义、更改、删除、装载和替换等设置。

单击画笔工具属性栏中笔刷右侧的下拉按钮，或者在画布上右击，弹出如图 3-47 所示的笔刷列表面板，使用户可以通过该面板来选择需要的笔刷。

笔刷分为软边笔刷和硬边笔刷，使用软边笔刷绘制的线条边缘更加柔和，而使用硬边笔刷绘制的线条边缘则比较生硬。在图 3-48 中，上边的线条是使用软边笔刷绘制的，下边的线条则是使用硬边笔刷绘制的。

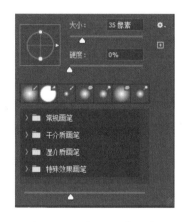

图 3-47　笔刷列表面板　　　　　　图 3-48　使用软硬度不同的笔刷绘制的线条

用户也可以根据需要来设置笔刷。要想设置笔刷，只需单击画笔工具属性栏中笔刷右侧的下拉按钮，在弹出的笔刷列表面板中调整笔刷的直径或硬度得到所需的笔刷。其中，"大小"选项用于设置笔刷的粗细的，拖动滑块或在后面的文本框中直接输入 1 ～ 2500 之间的数字即可；"硬度"选项用于设置笔刷的软硬，值越小，笔刷越软，绘制的线条越柔和。设置完画笔选项后，单击笔刷列表面板右上角的 按钮，还可以将新笔刷保存到笔刷列表面板中，供以后使用。

单击笔刷列表面板右上角的 下拉按钮，弹出一个如图 3-49 所示的下拉列表，选择相应的选项即可进行新建画笔预设、新建画笔组与重命名画笔等操作。

图 3-49　笔刷列表面板下拉列表

笔刷列表面板的下拉列表中部分选项的说明如下。

- "新建画笔预设"选项：选择该选项，打开"笔刷名称"对话框，定义新的画笔名称。

- "重命名画笔"选项：给当前使用的笔刷命名。

- "删除画笔"选项：删除当前选中的笔刷。

- "恢复默认画笔"选项：将笔刷列表面板恢复到默认的状态。

- "导入画笔"选项：选择该选项，打开"载入"对话框，选择一个文件载入，将会在笔刷列表面板中出现此文件所定义的画笔。

- "转换后的旧版工具预设"选项：选择该选项，打开如图 3-50 所示的提示对话框，单击"确定"按钮，表示将画笔预设转换为前面旧版的预设。

- "旧版画笔"选项：选择该选项，打开如图 3-51 所示的提示对话框，单击"确定"按钮，表示将旧版画笔恢复为"画笔预设"列表。

图 3-50　提示对话框（1）　　　　　图 3-51　提示对话框（2）

如果想要对画笔工具进行更高级的设置，则可以单击属性栏中的"切换画笔设置面板"按钮，弹出如图 3-52 所示的面板，在该面板中可以进行更高级的笔刷设置，如笔刷间距、样式消隐等。

### 2. 模式的设置

这里的模式是指色彩的混合模式，用于控制绘画或编辑工具对当前图像中像素的作用形式，即当前使用的绘图颜色如何与图像原有的底色混合来获得不同的颜色效果。单击画笔工具属性栏中模式右侧的下拉按钮，弹出如图 3-53 所示的下拉列表，使用户可以根据当前的设计需要来选择不同的色彩混合模式。

为了有助于对模式概念的理解，下面介绍几个专业术语。

（1）底色：指图像本身的颜色。

（2）混合色：指应用于绘图或编辑工具的颜色。

（3）结果颜色：通过混合模式呈现出的效果颜色。

图 3-52　画笔设置面板　　　　　　　　图 3-53　色彩混合模式的下拉列表

下面介绍部分色彩混合模式。

- 正常：使编辑或绘画的每个像素成为结果颜色，这是 Photoshop 的默认设置。选择该模式后，在给图像添加颜色时会覆盖原有的颜色，可以通过属性栏中的不透明度来设置覆盖的程度。

- 溶解：在使用该模式时，绘制图像的颜色会随机地覆盖底色，有一种混合在一起的效果。对于画笔、喷枪及使用大画笔的绘图工具，使用该模式效果较好。也可以通过不透明度来设置溶解效果。

- 变暗：该模式将底色中比混合色亮的部分用混合色取代，而暗的部分则不变。

- 正片叠底：该模式把底色与混合色相乘，结果颜色往往比较深。将任何颜色与黑色相乘仍为黑色，将任何颜色与白色相乘仍为白色，因此这种模式用在非黑、白色下效果才明显。

- 颜色加深：该模式将底色变暗以反映混合色，使用白色将无任何效果。

- 变亮：该模式与变暗模式相反，比混合色暗的部分将会被混合色取代，而亮的部分则不变。

- 颜色减淡：该模式将底色变亮以反映混合色，使用黑色将无任何效果。

- 叠加：该模式将混合色与底色叠加作为结果颜色，并且混合后的颜色能够反映原颜色的明暗程度。

- 柔光：使用这种模式将产生一种类似用聚光灯照射的效果。混合色相当于光源，当其灰度小于 50% 时，图像将变亮；反之，当其灰度大于 50% 时，图像将变暗。

- 强光：在使用这种模式时，当混合色的灰度小于 50% 时，其效果相当于漂白效果，当混合色的灰度大于 50% 时，其效果相当于叠加模式。这种模式适用于给一幅图像加强光或阴影。

- 差值：该模式将用混合色和底色中较亮颜色的亮度减去较暗颜色的亮度作为混合后的颜色亮度。在一般情况下，与白色混合会使底色反向变化，与黑色混合不会产生变化。

- 排除：该模式的效果与差值模式的效果基本相同，只是结果颜色更加柔和。

- 色相：该模式由底色的光度、饱和度，以及混合色的色调来决定结果颜色。

- 饱和度：该模式由底色的光度、色调，以及混合色的饱和度来决定结果颜色。

- 颜色：该模式由底色的光度，以及混合色的色调、饱和度来决定结果颜色，这将维持图像的灰度，对单色和淡色的图像很有作用。

- 明度：该模式的效果与颜色模式产生的效果相反，由底色的色调、饱和度，以及混合色的光度来决定结果颜色。

用户可以在 Photoshop 中打开一幅图像，使用画笔工具在不同色彩混合模式下绘制同一种颜色，看一看各种模式产生的效果，这样有利于更好地理解色彩混合模式。

### 3．不透明度的设置

工具箱中的画笔、历史画笔、仿制图章和橡皮擦等工具都有不透明度的设置，不透明度在进行色彩混合时决定了底色的不透明程度，其值越大，不透明程度就越高，即透明度越小。用户可以直接在"不透明度"文本框中输入 0% ～ 100% 之间的数值，或者单击"不透明度"文本框右侧的 ■ 下拉按钮，在弹出的下拉列表中拖动滑块来调整不透明度。图 3-54 所示为使用画笔工具不同的不透明度绘制的图像效果。

### 4．画笔流量的设置

对于画笔工具和橡皮擦工具来说，还可以设置"流量"选项。用户可以直接在"流量"文本框中输入 1% ～ 100% 之间的数值，或者单击"流量"文本框右侧的 ■ 下拉按钮，在弹出的下拉列表中拖动滑块来调整流量。图 3-55 所示为设置不同的流量绘制的图像效果。

图 3-54　使用不同的不透明度绘制的图像效果　　　图 3-55　设置不同的流量绘制的图像效果

## 二、画笔工具组

### 1. 画笔工具

画笔工具 类似人们平时绘画时使用的各种各样的毛笔。在 Photoshop 中，这些画笔也有笔刷大小之分，使用画笔工具绘制出来的图像比较柔和，它能够模拟毛笔，在图像中使用前景色进行着色。前文已经介绍了如何设置画笔的不透明度和流量。下面根据具体的情况来定义一些自己喜爱的画笔形状，即自定义画笔。自定义画笔的操作步骤如下。

（1）打开图片，如图 3-56 所示。

（2）选择工具箱中的套索工具 或矩形选框工具 ，在打开的图片中选取需要定义的区域，这里绘制如图 3-57 所示的矩形选区。

图 3-56　打开图片　　　　　　　　　　　图 3-57　绘制矩形选区

（3）选择"编辑"→"定义画笔"命令，在打开的如图 3-58 所示的"画笔名称"对话框中给所定义的画笔命名一个名称，单击"确定"按钮，完成自定义画笔。这时所定义的画笔将出现在画笔列表面板中。

图 3-58 "画笔名称"对话框

（4）按快捷键 Ctrl+N，新建一个图像文件，在工具箱中选择画笔工具 ，并设置好前景色，在画布上右击，在弹出的画笔列表面板中选择刚才定义好的画笔，在图像上绘制，得到如图 3-59 所示的图像效果。

图 3-59 利用自定义画笔绘制的图像效果

### 2. 铅笔工具

铅笔工具的属性栏与画笔工具的属性栏基本相同，使用铅笔工具绘制的图形比较生硬，不像使用画笔工具绘制的图形那样平滑、柔和。铅笔工具属性栏中没有"流量"选项，而增加了"自动抹除"复选框，这是由铅笔的特性决定的，因为它无法产生类似"湿边"的效果。当勾选"自动抹除"复选框后，铅笔工具可以被当作橡皮擦来擦除图像。

## 三、修补工具组

### 1. 修复画笔工具

修复画笔工具可用于矫正瑕疵，使瑕疵消失在图像中。它利用图像或图案中的样本像素，将样本像素的纹理、光照、阴影与源像素进行匹配，使修复后的像素不留痕迹地融入图像的其余部分。修复画笔工具的使用方法很简单，首先按 Alt 键选择样本像素，然后松开 Alt 键，将鼠标指针移动到需要修复的地方涂抹一下，涂抹完之后会发现，Photoshop 能够将涂抹的区域与周围的区域变得非常融合。也就是说，Photoshop 可以让被涂抹的地方与背景融合得非常好。在实际运用中，使用修复画笔工具可以很好地修复扫描照片中的杂质。

通过图 3-60、图 3-61 中的两幅图片的对比，可以清楚地看到修复画笔工具对图片的修复效果，修复后的图片能与其周围的色彩有机地结合起来。

图 3-60　修复画笔工具操作过程中　　　　图 3-61 修复画笔工具操作后的效果

2. 修补工具

修补工具实际上是修复画笔工具功能的一个扩展。修补工具属性栏如图 3-62 所示。

图 3-62　修补工具属性栏

修补工具可以用其他区域或图案中的像素来修复选中的区域。像修复画笔工具一样，修补工具会将样本像素的纹理、光照、阴影与源像素进行匹配，使修复后的像素不留痕迹地融入图像的其余部分。

（1）用其他区域修复区域：在图像中拖动鼠标指针以选中想要修复的区域，并在属性栏中选择"源"选项；或者选中要从中取样的区域，并在属性栏中选择"目标"选项。将鼠标指针定位在选区内。如果在属性栏中选择了"源"选项，则将选区边框拖动到想要从中进行取样的区域，释放鼠标左键时，原来选中的区域用样本像素进行了修补；如果在属性栏中选择了"目标"选项，将选区边框拖动到要修补的区域，释放鼠标左键时，新选中的区域用样本像素进行了修补。

（2）用图案修复区域：在图像中拖动鼠标指针以选中想要修复的区域，在属性栏中单击■下拉按钮，在弹出的下拉列表中选择图案，单击"使用图案"按钮即可。

图 3-63 所示为使用修补工具的不同选项在同一幅图像中绘制的效果，通过对几种效果的比较来说明这几个选项的功能。

（a）选取过程　　（b）用源点修补

（c）选取过程　　（d）用目标点修补

（c）选取过程　　（f）用图案修补

图 3-63　使用修复工具的几个选项绘制效果对比

## 四、渐变工具组

渐变工具用于创建多种颜色间的逐渐混合。用户可以从现有的渐变填充中选择或创建自己的渐变颜色。

### 1. 渐变工具

"线性渐变"按钮■：颜色从起点到终点线性渐变。

"径向渐变"按钮■：颜色从起点到终点以圆形图案逐渐改变。

"角度渐变"按钮■：颜色围绕起点以逆时针环绕逐渐改变。

"对称渐变"按钮■：颜色在起点两侧对称线性渐变。

"菱形渐变"按钮■：颜色从起点向外以菱形图案逐渐改变，终点为菱形的一角。

当选择渐变工具后,渐变选项中有很多可供选择的项目。在如图3-64所示的"渐变编辑器"对话框中,用户可以根据自己的需要选择适当的渐变效果。

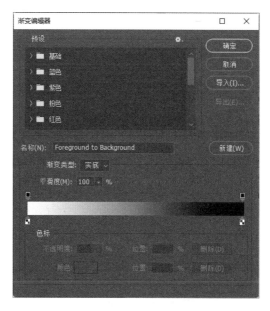

图 3-64　"渐变编辑器"对话框

在使用渐变工具进行图像填充时,要注意渐变工具不能用于位图、索引颜色或16位通道模式的图像。图3-65所示为设置前景色为 # ecda16、背景色为 #2c5722 时各种类型的渐变效果。

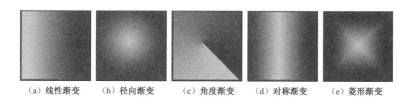

（a）线性渐变　（b）径向渐变　（c）角度渐变　（d）对称渐变　（e）菱形渐变

图 3-65　各种类型的渐变效果

## 2. 创建色底渐变颜色

（1）单击渐变工具属性栏中的 ▭▾ 下拉按钮,在打开的"渐变编辑器"对话框中选择一种与需要创建的渐变颜色相似的渐变样式。

（2）单击"渐变编辑器"对话框中的"新建"按钮,创建一个新的渐变样式。对如图3-66所示的滑块进行调节,上面的滑块用于调节不透明度,下面的滑块用于调节位置和设定色彩。

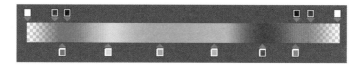

图 3-66　调节滑块

（3）双击颜色滑块可以对它设置色彩，黑色滑块即为操作的滑块（按住 Alt 键，并单击该滑块可以对操作滑块进行复制）。图 3-67 所示为添加新的渐变样式操作。

3. 创建杂色渐变颜色

（1）选择渐变工具，在属性栏中单击渐变示例，打开"渐变编辑器"对话框，如图 3-68 所示。

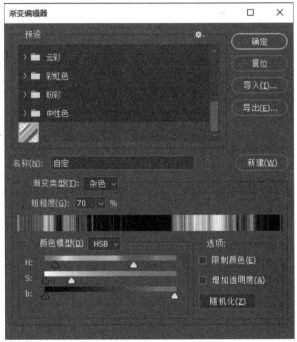

图 3-67　添加新的渐变样式操作　　　　图 3-68　"渐变编辑器"对话框

（2）选择渐变样式，新渐变颜色将基于此渐变颜色。在"渐变类型"选项中，设置"渐变类型"为"杂色"。如果想要设置整个渐变颜色的粗糙度，则在"粗糙度"文本框中输入一个数值或拖动滑块。如果想要定义颜色模型，则从"颜色模型"下拉列表中选择颜色模型。

（3）如果想要调整颜色范围，则拖动滑块。对于所选颜色模型中的每个颜色组件，都可以拖动滑块定义其值在可接受的范围内。例如，如果选择 HSB 模型，则可以将渐变颜色限定为蓝绿色调、高饱和度和中等亮度。

（4）勾选"限制颜色"复选框或"增加透明度"复选框。如果想要随机化符合设置的渐变颜色，则单击"随机化"按钮。

（5）给新设定的杂色渐变颜色命名。

图 3-69 所示为使用上述杂色渐变颜色制作产品条形码。

图 3-69　使用杂色渐变颜色制作产品条形码

### 4. 油漆桶工具

油漆桶工具用于图案填充与单色填充。油漆桶工具属性栏如图 3-70 所示，其属性栏的选项与画笔工具属性栏的选项类似，这里不再赘述。

图 3-70　油漆桶工具属性栏

当使用单色填充图像时，必须设置容差，容差值的大小决定着填充区域的多少。图 3-71 所示为使用图案填充与单色填充后的效果对比。

（a）　　　　　　　　　　　　　　　　　　　　　　　（b）

图 3-71　使用图案填充与单色填充后的效果对比

温馨提示

油漆桶工具不能用于位图模式的图像。

## 五、钢笔、路径选择工具组

路径是 Photoshop 提供的一种通过矢量图来进行图像区域选择的方法。路径是根据"贝塞尔曲线"理论进行设计的，引进路径这种作图方法是为了更精确、灵活地选择和修改图像的选区。

### 1. 钢笔工具

在工具箱中选择钢笔工具，其属性栏如图 3-72 所示。

图 3-72　钢笔工具属性栏

下面分别介绍钢笔工具属性栏中部分选项的功能。

● "形状"选项：选择该选项，在绘制形状并填充颜色时将产生一个形状图层。

● "路径"选项：选择该选项，在绘制形状时将产生新的工作路径。

**2．自由钢笔工具**

利用自由钢笔工具可以在图像中绘制任意形状的路径。当钢笔头出现一个小圆圈时，表示这个路径可以为封闭路径。图 3-73 所示为使用自由钢笔工具绘制路径形状。

**3．添加锚点工具**

要想在绘制完后的路径形状上添加锚点，可以先在工具箱中选择添加锚点工具，再在路径上单击，即可添加一个锚点，如图 3-74 所示。

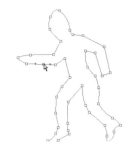

图 3-73　使用自由钢笔工具绘制路径形状　　　　　图 3-74　添加锚点

**4．删除锚点工具**

先在工具箱中选择删除锚点工具，再在选定路径的锚点上单击，即可删除一个锚点，如图 3-75 所示。

**5．转换点工具**

在工具箱中选择转换点工具，拖动绘制路径上的角点，可以将角点转换为平滑点。单击平滑点，可以将平滑点转换为角点。如果改变角点（或平滑点）控制柄的方向与长度，将改变路径形状，如图 3-76 所示。

**6．路径选择工具**

在工具箱中选择路径选择工具，单击路径上的任意位置，可以选择路径的所有锚点，如图 3-77 所示。按住鼠标左键的同时拖动路径，可以拖动整个路径；按住 Alt 键的同时拖动路径，可以复制路径。

### 7. 直接选择工具

在工具箱中选择直接选择工具。单击某个锚点可以选择该锚点，被选择的锚点呈黑色；按住鼠标左键的同时拖动锚点，可以改变锚点的位置；拖动锚点两侧的控制柄，可以改变路径形状；按住 Shift 键的同时单击锚点，可以选择多个锚点，如图 3-78 所示；按住 Alt 键的同时单击任意一个锚点，可以选择该路径上的所有锚点。

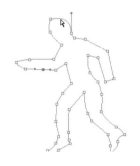

图 3-75　删除锚点

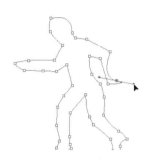

图 3-76　使用转换点工具改变路径形状

图 3-77　使用路径选择工具选择路径的所有锚点

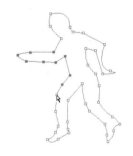

图 3-78　按住 Shift 键选择多个锚点

## 六、图章工具组

图章工具组包括仿制图章工具和图案图章工具，这两个工具的使用方法与前文介绍的修复画笔工具和修补工具的使用方法类似。图章工具组主要使用图形来填充对象。

### 1. 仿制图章工具

选择仿制图章工具，首先按住 Alt 键在图像中单击，定义采样点；然后在图像的其他位置上拖动鼠标指针，复制图像到指定的位置，进行新的填充。仿制图章工具不仅在同一幅图像之间可以进行填充操作，而且在不同图像之间也可以进行填充操作。

仿制图章工具属性栏中的选项与画笔工具属性栏中的选项类似，这里就不再赘述。仿制图章工具在同一幅图像与不同图像之间的填充效果如图 3-79、图 3-80 所示。

（a）定义采样点（1）　　　　　　　　　　　（b）仿制图像（1）

图 3-79　仿制图章工具在同一幅图像之间的填充效果

（a）定义采样点（2）　　　　　　　　　　　（b）仿制图像（2）

图 3-80　仿制图章工具在不同图像之间的填充效果

在使用仿制图章工具的过程中如果笔刷过大或过小，则可以根据实际情况随时更换合适的笔刷。

### 2. 图案图章工具

图案图章工具主要用于样本填充，其属性栏如图 3-81 所示。图案图章工具的使用方法与仿制图章工具的使用方法类似，但它不是采用定义采样点的方式进行图像填充的，而是通过定义图案的方式进行图像填充的。这些图案可以是用户自定义的图案，也可以是系统默认的图案。

图 3-81　图案图章工具属性栏

使用图案图章工具填充的图像效果如图 3-82 所示。

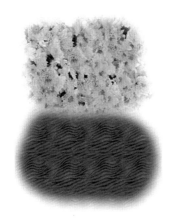

图 3-82　使用图案图章工具填充的图像效果

前面介绍了自定义笔刷的方法，那么如何自定义图案呢？可以使用以下方法自定义图案。

（1）新建一个 RGB 颜色模式的图像，打开一幅图片，并复制到新建图像中。

（2）调节图像大小，并屏蔽背景图层的可视性。绘制一个矩形选区选定要定义的图形，选择"编辑"→"定义图案"命令，在打开的"图案名称"对话框中输入所定义图案的名称，单击"确定"按钮即可。

图 3-83 所示为使用自定义图案绘制图像效果对比。其中，图 3-83（a）所示为勾选"对齐"复选框后的图像效果，图 3-83（b）所示为勾选"印象派效果"复选框后的图像效果。

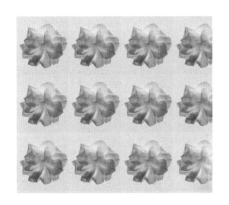
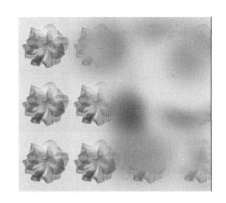

（a）勾选"对齐"复选框后的图像　　　　　（b）勾选"印象派效果"复选框后的图像

图 3-83　使用自定义图案绘制图像效果对比

## 七、历史画笔工具组

历史画笔工具组包括历史记录画笔与历史记录艺术画笔两种工具。在 Photoshop 中，用户在对图像进行编辑过程中，有时需要使图像返回以前的某个状态，这时可以利用历史记录画笔工具与历史记录艺术画笔工具来实现。

### 1. 历史记录画笔工具

历史记录画笔工具的主要功能是撤销操作，即恢复图像。在图像的某个历史状态下着色，以取代当前图像的颜色。在此过程中还可设置笔触大小、不透明度和色彩混合模式。

历史记录画笔工具并不是在当前图像状态下描绘的，而是与历史记录面板配合使用，从而实现某些特殊效果。例如，对旋转扭曲滤镜效果的"天空"图像，使用历史记录画笔工具将撤销滤镜效果，从而恢复历史记录面板中原来的图像，效果如图 3-84 所示。

图 3-84　恢复的"天空"底部图像

### 2. 历史记录艺术画笔工具

历史记录艺术画笔工具的使用方法与历史记录画笔工具的使用方法类似，但当使用历史记录艺术画笔工具从当前图像状态恢复到某一个历史状态时能增加一些艺术描绘，产生一定的艺术效果。在工具箱中选择历史记录艺术画笔工具，将显示历史记录艺术画笔工具属性栏，如图 3-85 所示。

**🏠 🖌 ● ｜ ☑ 　模式: 正常 　∨　不透明度: 100% 　◎　样式: 绷紧短 　∨　区域: 50 像素　容差: 0% 　∨　△ 0° 　◎**

图 3-85　历史记录艺术画笔工具属性栏

- "样式"下拉列表：单击"样式"右侧的■下拉按钮，在弹出的下拉列表中有 10 种样式类型可供选择。

- "区域"文本框：用于设置历史记录艺术画笔描绘的范围，其单位是像素。在使用历史记录艺术画笔工具进行描绘时，画笔描绘的范围并不是由笔刷大小来控制的，而是由"区域"中的数值来控制的，笔刷大小只确定笔画的粗细，而描绘的范围却不局限在笔画内。

- "容差"文本框：用于通过颜色的差别来控制历史记录艺术画笔描绘的范围，其取值范围为 0% ～ 100%，输入的数值越大，描绘的笔触间距就会越大。

使用历史记录艺术画笔工具，往往会绘制出一些意想不到的效果。图 3-86 所示为设置"绷紧卷曲长"样式、"区域"为"50 像素"、"容差"为"100%"时绘制的图像效果。

图 3-86　绘制的图像效果

**实战案例：绘制荷花**

　　要想绘制漂亮的荷花，需要用户熟练掌握钢笔工具和画笔工具的使用技巧。本案例充分使用 Photoshop 工具箱中的钢笔、加深、减淡、渐变等工具来完成绘制。在使用钢笔工具绘制花瓣形状时，通常先单击以确定第一个锚点的位置，再单击并拖动第二个锚点，循环上一次操作直至闭合形成花瓣的形状。在绘制时，要尽可能用最少的锚点绘制最准确的花瓣外形。当使用画笔工具对花瓣进行着色时，要使用大小适当的画笔在选区内进行喷绘，并设置画笔的压力使绘画过渡、柔和。用户通过学习本案例，能够对画笔工具、路径工具和渐变工具的功能及使用有更加深入的理解。

**操作步骤**

　　（1）选择"文件"→"新建"命令（或按快捷键 Ctrl+N），在打开的"新建文档"对话框中设置相应的参数，如图 3-87 所示，单击"创建"按钮，得到定制的画布。

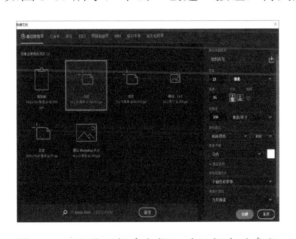

图 3-87　设置"新建文档"对话框中的参数

　　（2）单击图层面板中的"创建新图层"按钮，新建一个图层，并命名为"花瓣 1"（双击图层名，即可出现编辑区，输入新的图层名，按 Enter 键即可修改图层名）。在工具箱中选择钢笔工具，确认钢笔工具属性栏中的"路径"按钮处于选中状态，在画布上绘制"花瓣 1"的轮廓形状（如果不能一次性绘制花瓣形状，则可以按 Ctrl 键进行单个锚点的调节），如图 3-88 所示。在绘制时可以按快捷键 Ctrl+"+"，将图像窗口放大，这样便于用户观察花瓣的细节。

　　（3）按快捷键 Ctrl+Enter 将绘制好的路径转换为选区（也可单击路径面板中的按钮，将路径转换为选区）。单击工具箱中的"前景色"按钮，设置前景为 # bd5370、背景色为 # fcdce2。选择工具箱中的渐变工具，单击属性栏中的"线性渐变"按钮，从选区的右上角向左下角拖动鼠标指针，填充线性渐变颜色后的"花瓣 1"效果如图 3-89 所示。

图 3-88　绘制"花瓣 1"的轮廓形状　　　图 3-89　填充线性渐变颜色后的"花瓣 1"效果

（4）选择工具箱中的加深工具，在属性栏中设置画笔大小为 60 像素、硬度为 0、曝光度为 15%。在花瓣左侧和中部从上到下轻涂一下，得到如图 3-90 所示的效果。按快捷键 Ctrl+D 取消选区，单击路径面板，选择刚才绘制的路径。在画布上按住 Ctrl 键单击并修改路径的形状，如图 3-91 所示。

图 3-90　加深处理后的"花瓣 1"效果　　　图 3-91　修改"花瓣 1"路径的形状

（5）将路径转换为选区，选择加深工具，并设置画笔大小为 150 像素，在选区内加深其效果，如图 3-92 所示。按快捷键 Ctrl+H 隐藏选区。选择工具箱中的减淡工具，在属性栏中设置其画笔大小为 30 像素、曝光度为 30%，在选区的左右边缘进行涂抹，得到如图 3-93 所示的效果。取消选区，绘制完荷花的第一瓣花瓣。

图 3-92　对选区内的图像进行加深处理（1）　　　图 3-93　减淡处理后的"花瓣 1"效果

（6）单击图层面板中的"创建新图层"按钮，新建一个图层，并命名为"花瓣 2"，选择钢笔工具，在画布上绘制"花瓣 2"的轮廓形状，如图 3-94 所示。将路径转换为选区，选择工具箱中的渐变工具，单击属性栏中的"线性渐变"按钮，在选区内填充线性渐变颜色，效果如图 3-95 所示。

（7）选择工具箱中的加深工具，在属性栏中设置画笔大小为 150 像素、硬度为 0、曝光度为 15%。加深处理后的"花瓣 2"效果如图 3-96 所示。取消选区，单击路径面板，选择"花瓣 2"的路径轮廓。在画布上按住 Ctrl 键单击并修改路径的形状，如图 3-97 所示。

图 3-94　绘制"花瓣 2"的轮廓形状　　　　图 3-95　填充线性渐变颜色后的"花瓣 2"效果

图 3-96　加深处理后的"花瓣 2"效果　　　　图 3-97　修改"花瓣 2"路径的形状

（8）将路径转换为选区，选择加深工具 ，并设置画笔大小为 100 像素，在选区内加深其效果，如图 3-98 所示。按快捷键 Ctrl+H 隐藏选区。选择工具箱中的减淡工具 ，设置其画笔大小为 30 像素、曝光度为 30%，在选区的左右边缘进行涂抹，得到如图 3-99 所示的效果。取消选区，绘制完荷花的第二瓣花瓣。

图 3-98　对选区内的图像进行加深处理（2）　　　图 3-99　减淡处理后的"花瓣 2"效果

（9）单击图层面板中的"创建新图层"按钮 ，新建一个图层，并命名为"花瓣 3"，选择钢笔工具 ，在画布上绘制"花瓣 3"的轮廓形状，如图 3-100 所示。将路径转换为选区，选择工具箱中的渐变工具 ，单击属性栏中的"线性渐变"按钮 ，从选区的右下角向左上角拖动鼠标指针，填充线性渐变颜色，效果如图 3-101 所示。

（10）取消选区，单击路径面板，选择"花瓣 3"的路径轮廓。在画布上按住 Ctrl 键单击并修改路径的形状，如图 3-102 所示。将路径转换为选区，按快捷键 Ctrl+H 隐藏选区。选择加深工具 ，并设置画笔大小为 100 像素，加深处理后的"花瓣 3"效果如图 3-103 所示。

图 3-100　绘制"花瓣 3"的轮廓形状　　　图 3-101　填充线性渐变颜色后的"花瓣 3"效果

图 3-102　修改"花瓣 3"路径的形状　　　图 3-103　加深处理后的"花瓣 3"效果

　（11）新建一个图层，并命名为"花瓣 4"，选择钢笔工具 ，在画布上绘制"花瓣 4"的轮廓形状，如图 3-104 所示。设置前景色为 # 872127、背景色为 # cb7695，将路径转换为选区，选择工具箱中的渐变工具 ，单击属性栏中的"径向渐变"按钮 ，从选区的右下角向左上角拖动鼠标指针，填充径向渐变颜色，效果如图 3-105 所示。

图 3-104　绘制"花瓣 4"的轮廓形状　　　图 3-105　填充径向渐变颜色后的"花瓣 4"效果

　（12）取消选区，单击路径面板，选择"花瓣 4"的路径轮廓。在画布上按住 Ctrl 键单击并修改路径的形状，如图 3-106 所示。将路径转换为选区，按快捷键 Ctrl+H 隐藏选区。选择加深工具 ，并设置画笔大小为 100 像素，加深处理后的"花瓣 4"效果如图 3-107 所示。

图 3-106　修改"花瓣 4"路径的形状　　　图 3-107　加深处理后的"花瓣 4"效果

　（13）新建一个图层，并命名为"花瓣 5"，选择钢笔工具 ，在画布上绘制"花瓣 5"

的轮廓形状,如图 3-108 所示。设置前景色为 # c05373、背景色为 # e9a3b6,将路径转换为选区,选择工具箱中的渐变工具▣,单击属性栏中的"线性渐变"按钮▣,从选区的左上角向右下角拖动鼠标指针,填充线性渐变颜色,效果如图 3-109 所示。

图 3-108    绘制"花瓣 5"的轮廓形状    图 3-109    填充线性渐变颜色后的"花瓣 5"效果

(14)选择加深工具▣,并设置画笔大小为 80 像素,加深处理后的"花瓣 5"效果如图 3-110 所示。选择减淡工具▣,并设置画笔大小为 20 像素、曝光度为 30%,在选区的上边缘进行涂抹,得到如图 3-111 所示的效果。取消选区,完成荷花第 5 瓣花瓣的绘制。

图 3-110    加深处理后的"花瓣 5"效果    图 3-111    减淡处理后的"花瓣 5"效果

(15)按住 Ctrl 键单击图层面板中的"创建新图层"按钮▣,新建一个图层,并命名为"花瓣 6"(按住 Ctrl 键单击图层面板中的"创建新图层"按钮▣所创建的图层,其图层位置是建立在当前图层之下的)。选择钢笔工具▣,在画布上绘制"花瓣 6"的轮廓形状,如图 3-112 所示。设置前景色为 # c77996,背景色不变,将路径转换为选区,选择工具箱中的渐变工具▣,单击属性栏中的"线性渐变"按钮▣,从选区的右下角向左上角拖动鼠标指针,填充如图 3-113 所示的渐变颜色。

图 3-112    绘制"花瓣 6"的轮廓形状    图 3-113    填充线性渐变颜色后的"花瓣 6"效果

(16)选择加深工具▣,并设置画笔大小为 80 像素,加深处理后的"花瓣 6"效果如图 3-114

所示。取消选区，单击路径面板，选择"花瓣 6"的路径轮廓。在画布上按住 Ctrl 键单击并修改路径的形状，如图 3-115 所示。

图 3-114　加深处理后的"花瓣 6"效果　　　　图 3-115　修改"花瓣 6"路径的形状

（17）将路径转换为选区，按快捷键 Ctrl+H 隐藏选区。选择加深工具 ，并设置画笔大小为 100 像素，在选区内加深其效果，如图 3-116 所示。按住 Ctrl 键单击图层面板中的"创建新图层"按钮 ，新建一个图层，并命名为"花瓣 7"。选择钢笔工具 ，在画布上绘制"花瓣 7"的轮廓形状，如图 3-117 所示。

图 3-116　对选区内的图像进行加深处理（3）　　　图 3-117　绘制"花瓣 7"的轮廓形状

（18）设置前景色为 # cd6175、背景色为 # f4cadb，将路径转换为选区，选择渐变工具 ，单击属性栏中的"线性渐变"按钮，从选区的左上角向右下角拖动鼠标指针，填充线性渐变颜色，效果如图 3-118 所示。选择加深工具 ，并设置画笔大小为 70 像素，加深处理后的"花瓣 7"效果如图 3-119 所示。

图 3-118　填充线性渐变颜色后的"花瓣 7"效果　　　图 3-119　加深处理后的"花瓣 7"效果

（19）选择减淡工具 ，并设置画笔大小为 20 像素、曝光度为 15%，在选区内涂抹出如图 3-120 所示的效果。取消选区，单击路径面板，选择"花瓣 7"的路径轮廓。在画布上按住 Ctrl 键单击并修改路径的形状，如图 3-121 所示。

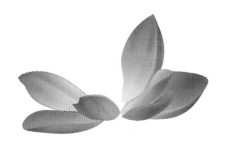

图 3-120　减淡处理后的"花瓣 7"效果　　　图 3-121　修改"花瓣 7"路径的形状

（20）将路径转换为选区，选择加深工具 ，并设置画笔大小为 70 像素，在选区内加深其效果，如图 3-122 所示。单击路径面板，选择"花瓣 7"的路径轮廓并修改路径的形状，如图 3-123 所示。

图 3-122　对选区内的图像进行加深处理（4）　　　图 3-123　再次修改"花瓣 7"路径的形状

（21）将路径转换为选区，选择加深工具 ，并设置画笔大小为 70 像素，在选区内加深其效果。取消选区，这样就完成了"花瓣 7"的绘制，如图 3-124 所示。

图 3-124　绘制完成后的"花瓣 7"效果

（22）按住 Ctrl 键单击图层面板中的"创建新图层"按钮 ，新建一个图层，并命名为"花瓣 8"。选择钢笔工具 ，在画布上绘制"花瓣 8"的轮廓形状，如图 3-125 所示。将路径转换为选区，选择工具箱中的渐变工具 ，单击属性栏中的"线性渐变"按钮，从选区的上方向下拖动鼠标指针，填充线性渐变颜色，效果如图 3-126 所示。

图 3-125 绘制"花瓣 8"的轮廓形状 　　 图 3-126　 填充线性渐变颜色后的"花瓣 8"效果

　　（23）选择加深工具 ，并设置画笔大小为 70 像素，加深处理后的"花瓣 8"效果如图 3-127 所示。选择减淡工具 ，并设置画笔大小为 60 像素、曝光度为 15%，在选区内涂抹出如图 3-128 所示的效果。取消选区，完成"花瓣 8"的绘制。

图 3-127　 加深处理后的"花瓣 8"效果 　　 图 3-128　 减淡处理后的"花瓣 8"效果

　　（24）在图层面板中选择花瓣 1 图层，按住 Ctrl 键单击图层面板中的"创建新图层" 按钮，在花瓣 1 图层之下新建花瓣 9 图层。选择钢笔工具 ，在画布上绘制"花瓣 9"的轮廓形状，如图 3-129 所示。将路径转换为选区，选择工具箱中的渐变工具 ，单击属性栏中的"线性渐变"按钮，从选区的上方向下拖动鼠标指针，填充线性渐变颜色，效果如图 3-130 所示。

图 3-129　 绘制"花瓣 9"的轮廓形状 　　 图 3-130　 填充线性渐变颜色后的"花瓣 9"效果

　　（25）选择减淡工具 ，并设置画笔大小为 60 像素、曝光度为 15%，在选区内涂抹出如图 3-131 所示的效果。取消选区，完成"花瓣 9"的绘制。荷花的主要花瓣已经绘制完成，但整朵荷花看起来有些空，可以再补充几瓣花瓣。

图 3-131　减淡处理后的"花瓣 9"效果

（26）按住 Ctrl 键单击图层面板中的"创建新图层"按钮▣，新建一个图层，并命名为"花瓣 10"。选择钢笔工具▨，在画布上绘制"花瓣 10"的轮廓形状，如图 3-132 所示。将路径转换为选区，设置前景色为 #ad5e7f、背景色为 #d2a5a3，选择工具箱中的渐变工具▣，单击属性栏中的"线性渐变"按钮，从选区的下方向上拖动鼠标指针，填充线性渐变颜色，效果如图 3-133 所示。如果觉得层次比较单调，则可以用减淡工具进行适当调整。

图 3-132　绘制"花瓣 10"的轮廓形状　图 3-133　填充线性渐变颜色后的"花瓣 10"效果

（27）取消选区，按住 Ctrl 键单击图层面板中的"创建新图层"按钮▣，新建一个图层，并命名为"花瓣 11"。选择钢笔工具▨，在画布上绘制"花瓣 11"的轮廓形状，如图 3-134 所示。将路径转换为选区，设置前景色为 # b94071、背景色为 # d2a5a3，选择工具箱中的渐变工具▣，单击属性栏中的"线性渐变"按钮，从选区的下方向上拖动鼠标指针，填充线性渐变颜色，效果如图 3-135 所示。

图 3-134　绘制"花瓣 11"的轮廓形状　图 3-135　填充线性渐变颜色后的"花瓣 11"效果

（28）取消选区，单击路径面板，选择"花瓣 11"的路径轮廓。在画布上按住 Ctrl 键单击并修改路径的形状，如图 3-136 所示。将路径转换为选区，选择加深工具 ，并设置画笔大小为 70 像素，加深处理后的"花瓣 11"效果如图 3-137 所示。

图 3-136　修改"花瓣 11"路径的形状　　　图 3-137　加深处理后的"花瓣 11"效果

（29）在图层面板中选择花瓣 5 图层，按住 Ctrl 键单击图层面板中的"创建新图层"按钮，新建一个图层，并命名为"花蕊 1"，选择工具箱中的椭圆选框工具，在画布上绘制椭圆形选区，如图 3-138 所示，按快捷键 Ctrl+Alt+D 对选区进行羽化，在打开的"羽化"对话框中设置羽化半径为 25 像素。设置前景色为 # f1b649、背景色为 # edd099，选择工具箱中的渐变工具，单击属性栏中的"径向渐变"按钮，在选区内填充径向渐变颜色，效果如图 3-139 所示。

图 3-138　绘制椭圆形选区（1）　　　图 3-139　填充径向渐变颜色后的"花蕊 1"效果

（30）单击图层面板中的"创建新图层"按钮，新建一个图层，并命名为"莲蓬"，选择工具箱中的椭圆选框工具，在画布上绘制椭圆形选区，如图 3-140 所示，设置前景色为 # e2ec73，按快捷键 Alt+Delete 为选区填充前景色，效果如图 3-141 所示，取消选区。

图 3-140　绘制椭圆形选区（2）　　　图 3-141　为选区填充前景色后的效果

（31）按住 Shift 键，选择工具箱中的椭圆选框工具，在莲蓬图层上绘制出如图 3-142

所示的选区。设置前景色为 #d5c362，按快捷键 Alt+Delete 为选区填充前景色。隐藏选区，选择加深工具◙，设置画笔大小为 10 像素，加深处理后的"莲蓬"效果如图 3-143 所示。

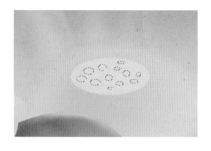

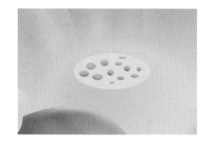

图 3-142　在莲蓬图层上绘制选区　　　图 3-143　加深处理后的"莲蓬"效果

（32）单击图层面板中的"创建新图层"按钮◙，新建一个图层，并命名为"花蕊 2"，选择工具箱中的钢笔工具◙，在画布上绘制如图 3-144 所示的路径形状。设置前景色为 # faf8b2，选择工具箱中的画笔工具◙，并设置画笔大小为 5 像素。按 Enter 键对路径进行前景色描边，效果如图 3-145 所示。

图 3-144　绘制"花蕊 2"的路径形状　图 3-145　对路径进行前景色描边后的"花蕊 2"效果

（33）设置前景色为 #faf8b2，选择工具箱中的画笔工具◙，并设置画笔大小为 2 像素。对路径进行前景色描边，按快捷键 Ctrl+H 隐藏路径，效果如图 3-146 所示。设置前景色为 #fefef1，选择工具箱中的画笔工具◙，并设置画笔大小为 7 像素，在画布上绘制花蕊点，如图 3-147 所示。

图 3-146　再次进行前景色描边　　　　图 3-147　绘制出花蕊点

（34）设置前景色为 #fed35a，选择工具箱中的画笔工具◙，并设置画笔大小为 5 像素，在画布上增加一些斑点。至此完成荷花的绘制，效果如图 3-148 所示。

图 3-148　绘制完成后的荷花效果

# 任务 3　图像处理工具

图像处理工具主要包括模糊、锐化、涂抹、减淡、加深和海绵。

本任务主要介绍人脸互换处理和颜色矫正，如图 3-149 所示。用户通过学习本任务，能够掌握各种图像处理工具的使用。

（a）人物图片 1　　　　（b）人物图片 2　　　　（c）换脸后的人物图片

图 3-149　人脸互换效果

## 一、聚焦工具组

聚焦工具组包括即模糊、锐化、涂抹 3 个工具，主要用于处理图像的模糊问题。

### 1. 模糊工具

模糊工具可以用于软化图像中的生硬边界，使图像产生模糊的效果。其原理是降低图像相邻像素之间的反差，从而使图像的边界区域变得柔和。在工具箱中选择模糊工具，其属性栏如图 3-150 所示。

图 3-150　模糊工具属性栏

模糊工具属性栏中的部分选项说明如下。

- "模式"下拉列表：提供了 7 种色彩混合模式，分别为正常、变暗、变亮、色相、饱和度、颜色和明度。

- "强度"下拉列表：用于设置模糊工具着色的力度，其取值范围为 0% ～ 100%。设置的强度值越大，模糊效果就越明显。

- "对所有图层取样"复选框：用于使模糊工具的作用范围扩展到图像中所有的可见图层中，其效果使所有可见图层的像素颜色都模糊化。

### 2. 锐化工具

锐化工具的功能与模糊工具的功能正好相反，能使图像产生清晰的效果。其原理是通过增大图像相邻像素之间的反差，从而使图像看起来更清晰。锐化工具属性栏中的选项与模糊工具属性栏中的选项相同，"模式"下拉列表都有 7 种色彩混合模式。另外，模糊工具和锐化工具不能用于位图模式和索引颜色模式。在使用模糊工具时，如果按 Alt 键，则可以将模糊工具切换为锐化工具。

### 3. 涂抹工具

涂抹工具用于模拟手指进行涂抹，在使用时将会把最先单击处的颜色与拖动鼠标指针位置的颜色相混合，制造出用手指在未干的颜料上涂抹的效果，其属性栏如图 3-151 所示。

图 3-151　涂抹工具属性栏

与模糊工具属性栏、锐化工具属性栏相比，涂抹工具属性栏除了通用的选项，还增加了"手指绘画"复选框。如果勾选该复选框，则用前景色作为开始处的颜色逐渐与图像上的颜色相混合而形成涂抹效果；否则用图像上单击处的颜色作为开始处的颜色逐渐与图像上的颜色相混合而形成涂抹效果。在涂抹时，如果按住 Shift 键，则可以用直线的方式进行涂抹；如果按 Ctrl 键，则切换为移动工具。

原始图像与使用 3 种工具处理后的图像效果对比如图 3-152 所示。

（a）原始图像　　　　　　　（b）使用模糊工具处理后的图像效果

（c）使用锐化工具处理后的图像效果　　　（d）使用涂抹工具处理后的图像效果

图 3-152　原始图像和使用 3 种工具处理后的图像效果对比

## 二、曝光工具组

曝光工具组包括减淡工具、加深工具、海绵工具。

### 1. 减淡工具

减淡工具的功能类似于摄影中的底片曝光技术，通过提高图像或选区的亮度来调整曝光。在工具箱中选择减淡工具，其属性栏如图 3-153 所示。

图 3-153　减淡工具属性栏

打开一幅图像，将它设置为不同的效果，如图 3-154 所示。

（a）暗调图像　　　　（b）中间调图像　　　　（c）高光图像

图 3-154　3 种色调图像

## 2. 加深工具

加深工具产生的效果与减淡工具产生的效果相反，用于改变图像特定区域的曝光度，使图像变暗。

加深工具属性栏中的部分选项说明如下。

- "范围"下拉列表：单击选项右侧的下拉按钮，在弹出的下拉列表中有"暗调"、"中间调"与"高光"3 个选项。其中，"暗调"选项表示加深操作只对图像中暗调区域的像素起作用；"中间调"选项表示加深操作只对图像中间色调区域的像素起作用，中间色调区域为图像中灰色比例较大的颜色区域；"高光"选项表示加深操作只对图像中高光区域的像素起作用。

- "曝光度"文本框：用于设置图像的加深程度，其取值范围为 0% ～ 100%。输入的数值越大，对图像加深的程度就越大。

使用加深工具处理后的图像效果如图 3-155 所示。

图 3-155　使用加深工具处理后的图像效果

## 3. 海绵工具

海绵工具用于改变图像的色彩饱和度，这对图像的光线处理很有用。饱和度是指图像中含有灰色水平的多少，当增加饱和度值时，灰色水平下降，颜色浓度就大，反之颜色浓度就越小。海绵工具属性栏如图 3-156 所示。

图 3-156　海绵工具属性栏

海绵工具属性栏中的部分选项说明如下。

- "模式"下拉列表有两个选项："去色"和"加色"。其中，"去色"选项用于对图像中的颜色进行降低饱和度处理；"加色"选项用于对图像的颜色进行增加饱和度处理。

- "流量"文本框用于设置拖动鼠标指针时的压力百分比。图 3-157 所示为原始图像与使用海绵工具对图像进行去色处理和加色处理后的效果对比。

（a）原始图像　　　（b）去色处理　　　（c）加色处理

图 3-157　原始图像与使用海绵工具对图像进行去色处理和加色处理后的效果对比

以上 3 种工具在使用的过程中，如果选择边缘比较柔和的笔刷，则产生的效果变化较为平和；如果选择边缘比较硬的笔刷，则产生的效果变化较为强烈，并且笔刷的直径值越大，对图像的影响越明显。

## 三、吸管工具组

吸管工具组包括吸管工具、颜色取样器工具、标尺工具。

### 1. 吸管工具

吸管工具用于选取色样以更改前景色或背景色，也可以直接从色板中吸取色样，其操作步骤如下。

（1）在工具箱中选择吸管工具，将鼠标指针移动到图像上，单击鼠标左键可将指针处的颜色设置为"前景色"；按住 Alt 键的同时，单击鼠标左键可将指针处的颜色设置为"背景色"。

（2）当选用的工具为绘图工具、填充工具时，如果按 Alt 键，则会切换为颜色取样器工具，这时可以随时从图像中选择颜色。

（3）当吸取多个像素的平均颜色时，需要设置吸管工具的参数，在属性栏的"取样大小"下拉列表中选择相应的选项，如图 3-158 所示。

### 2. 颜色取样器工具

颜色取样器工具用于在图像中定义颜色采样点，并把信息保存在图像文件中，其属性栏中除了"取样大小"下拉列表，还有一个"清除全部"按钮，可以用于清除采样点。

Photoshop 允许用户在图像中定义 10 个采样点来获取图像中不同位置上的色彩信息，而这些采样点的信息会显示在信息面板中。如果要保存图像，则这些采样点会随图像一起保存。当重新打开图像文件时，这些采样点仍然存在并起作用。定义采样点的方法为：在图像中需要取样的地方单击即可定义一个采样点。定义采样点后，图像中会出现采样编号标志，如图 3-159 所示。

图 3-158　"取样大小"下拉列表　　　图 3-159　采样编号标志

把鼠标指针放在定义好的采样点上，当鼠标指针呈  形状时，可以将采样点移动到新的位置上。如果想要删除采样点，则可以把鼠标指针移动到采样点上，按 Alt 键，这时鼠标指针变成剪刀形状，单击即可将采样点删除。如果将采样点移动到窗口外，则同样可以删除采样点。删除采样点后系统会自动重新调整采样编号。

### 3．标尺工具

标尺工具的使用非常简单。使用时在图像需要度量的地方拖曳出一条直线来比较所要度量的长度即可。标尺工具属性栏显示了直线的长度、高度及角度等信息，如图 3-160 所示。

图 3-160　标尺工具的使用

## 四、文字工具组

文字工具组包括横排文字工具、直排文字工具、横排文字蒙版工具、直排文字蒙版工具，它们都是用于处理文字的工具。在 Photoshop 中，除了可以在图像中添加水平或垂直排列的文字，还可以设置文字的字体、字号、行距、对齐方式等格式。另外，Photoshop 支持双字节系统，能够使用双字节的字库。如果 Photoshop 被安装在 Windows 中，就能正确地输入中文。

Photoshop 把文字作为一个特殊图层来处理，它被称为"文字图层"。由于使用了文字图层，因此 Photoshop 允许在输入文字后重新对其进行编辑，并赋予文字图层各种效果和样式。

文字类型有轮廓类型文字和位图类型文字两种。

- 轮廓类型文字：使用矢量绘图软件、排版软件和文字处理软件一般产生轮廓类型文字。轮廓类型文字用数学方法来定义和显示，可以被任意放大或缩小而不产生变形。

- 位图类型文字：使用图像编辑软件一般产生位图类型文字。这种类型的文字由像素组成，依赖于文字的字号和图像的分辨率。如果放大位图类型文字，则其边缘可能出现锯齿状，对于位图类型文字来说，高分辨率图像比低分辨率图像显示的文字更光滑。使用 Photoshop 等图像编辑软件创建的就是位图类型文字。

在工具箱中选择横排文字工具，其属性栏如图 3-161 所示。

图 3-161　横排文字工具属性栏

横排文字工具属性栏中的部分选项说明如下。

- "字体"下拉列表 STSong ：用于设置字体。用户单击右侧的下拉按钮，在弹出的下拉列表中选择所需要的字体即可。有时在"字体"下拉列表中显示的中文字体也全部是英文，如果希望在"字体"下拉列表中直接显示中文字体的名称，则选择"编辑"→"首选项"→"命令的文字"命令，打开"首选项"对话框，在"文字选项"选项区中取消勾选"以英文显示字体名称"复选框即可。

- "字号"下拉列表 12点 ：用于设置文字的字号，也可直接输入文字的字号。字号的单位是像素点，相当于 72 像素的图像中 1 英寸的 1/72。

- "文字排列"按钮 ：用于排列文字，分别为"左对齐"按钮、"居中对齐"按钮与"右对齐"按钮。当为竖排文字时，这三个按钮变为"上对齐"按钮、"居中对齐"按钮与"下对齐"按钮。

- "颜色"按钮 ：用于设置文字的颜色。单击该按钮可以打开"拾色器"对话框，从中选择所需的文字颜色。

图 3-162　段落文字编辑与段落属性设置

- "文字变形"按钮 ：单击此按钮可以打开"变形文字"对话框。在该对话框中可以为文字设置一些特殊效果，如扇形、拱起、旗帜、鱼眼等。

在 Photoshop 中，除了可以输入单行文字，还可以输入段落文字。段落文字不仅有文字格式，还有段落格式。段落文字编辑与段落属性设置如图 3-162 所示。

在图像中输入段落文字的操作比较简单，首先选择横排文字工具，然后在属性栏中选择文字类型。在图像中单击并拖动鼠标指针，将会出现一个矩形的文字输入框，可以在文字输入框中输入文字；在输入段落文字时，注意不要在每行结束时按 Enter 键，而应该在每段结束时按 Enter 键，否则，Photoshop 无法处理段落格式。在段落面板中可以设置文字段落格式，而在字符面板中还可以设置文字的上标、下标和大小写字母。单击"全部大写字母"按钮可以把所有小写字母变成大写字母；单击"小写字母"按钮可以把大写字母变成小写字母，但原来是大写字母不会受到影响。

如果单击"上标"按钮，则可以把文字变成上标；如果单击"下标"按钮，则可以把文字变成下标。

## 实战案例：处理人物图片的换脸

人脸互换处理多用在画像、婚纱制作和图片修复中。在完成本任务前要多收集一些图片，这是一件很容易的事。在收集图片时一定要注意不要涉及他人的肖像权。

**操作步骤**

（1）打开本任务配套素材中的两幅图片，如图 3-163 所示。

（a）人物图片一　　　　　　　　　　　　　　　（b）人物图片二

图 3-163　打开需要换脸处理的两幅图片

（2）选择"人物图片一"，按快捷键 Ctrl+"+"放大显示。选择工具箱中的钢笔工具 ，在画布上绘制如图 3-164 所示的闭合路径形状，选择人物的脸部。这里需要提示一下，虽然两幅图片中脸部的角度基本一样，但眼部的头发区域却有所不同，在处理时可以根据需要进行适当调整。

（3）将路径转换为选区，按快捷键 Ctrl+Alt+Shift 对选区进行羽化，在打开的"羽化选区"对话框中设置"羽化半径"为"20"像素（羽化半径不是一个绝对值，应该根据图片的分辨率或需要进行设置，羽化选区的目的是使选区的边缘比较柔和），如图 3-165 所示，单击"确定"按钮。

图 3-164　使用钢笔工具绘制闭合路径形状　　　　　图 3-165　设置"羽化半径"

（4）选择工具箱中的移动工具 ⊕，将鼠标指针放置在选区内（如果鼠标指针在选区外，则移动整幅图像），单击鼠标左键，将选区内的图像移动到"人物图像二"上，当鼠标指针呈 ⤵ 形状时，释放鼠标左键，效果如图 3-166 所示。

（5）由于两幅图片的大小不同，将选区内的图像移动到"人物图像二"中显得很大，必须进行调整。为了对位时能更好地看清下面图像的轮廓区域，确认打开数字键盘中的 NumLock 键，按 7 键，将"人物图像一"脸部的不透明度设置为 70%，效果如图 3-167 所示。

图 3-166　将选区内的图像移动到"人物图像二"上　　　图 3-167　设置"人物图像一"脸部的不透明度

（6）按快捷键 Ctrl+T 对移动到"人物图像二"中的"人物图像一"的脸部进行自由变换。按 Shift 键调整"人物图像一"脸部的位置及大小，如图 3-168 所示。按 Enter 键确认变换效果，选择工具箱中的橡皮擦工具 ◢，在属性栏中选择画笔大小为 90 像素、不透明度为 40% 的圆形画笔，擦除多余的头发，按 0 键将"人物图像一"脸部的不透明度设置为 100%，效果如图 3-169 所示。

图 3-168　调整"人物图像一"脸部的位置及大小

图 3-169　擦除多余图像

（7）调整亮度及颜色，使色彩显得更自然。选择人物图片二图层，选择工具箱中的减淡工具 ，在属性栏中调整其参数，如图 3-170 所示，对"人物图像二"脸部进行修饰，使肤色减淡。

图 3-170　调整减淡工具属性栏中的参数

（8）换脸处理结束，最终效果如图 3-171 所示。

图 3-171　换脸处理后的图片效果

由于图片的颜色、透视角度的不同，在处理图片时或许更复杂一些，这就需要用户多训练、多思考、多总结，通过反复训练，相信一定会收获颇丰，处理起来问题游刃有余。

## 任务 4　辅助工具组

辅助工具组在 Photoshop 图像的绘制和处理中起着重要的辅助作用。这里，把注释工具、抓手工具、缩放工具、选区模式工具、屏幕显示模式工具及标尺、网格和辅助线都归纳为辅助工具。

本任务主要设计一款时尚手提袋。用户通过学习本任务，能够熟练掌握一些辅助工具的使用。

### 一、注释工具

注释工具用于在文档或图片中添加文字注释，供用户在编辑过程中查看。注释工具极大地增强了 Photoshop 的网页功能。

注释工具属性栏如图 3-172 所示。属性栏中的各参数依次用于设置注释的作者和文字注释窗口的标题栏颜色，最右侧的"清除全部"按钮用于清除所有注释。

图 3-172　注释工具属性栏

设置完各参数后，在需要添加注释的地方单击即可创建系统默认大小的注释窗口，也可拖动鼠标指针创建自定义大小的窗口，如图 3-173 所示。

在注释窗口中单击即可输入文字，如果文字的内容较多，则注释窗口的滑块将被激活。当输入文字后可以在注释窗口内右击，在弹出的快捷菜单中选择所需的编辑操作命令，如"撤销"命令、"复制"命令等。当输入完文字注释后，单击注释窗口右上角的"关闭"按钮即可关闭注释窗口，此时文字注释以图标的形式标注在图像上，其状态如图 3-174 所示。如果需要打开注释窗口，则双击该图标即可。

图 3-173　创建注释窗口　　　　　图 3-174　注释窗口关闭后的文字注释状态

## 二、抓手工具

抓手工具与移动工具都是用于移动图像的工具，但它们之间又有着本质的区别。移动工具用于改变图层或选区在图像中的实际位置，而抓手工具只用于改变图像在窗口中的显示位置。抓手工具的操作非常简单，只要在工具箱中选择抓手工具后，将鼠标指针移动到图像窗口，按住鼠标左键并拖动，就可以查看图像窗口以外的图像区域。在平时操作中，一般把抓手工具和缩放工具一起配合使用，以查看显示在图像窗口以外的区域或图像的细节部分。当在使用其他工具过程中，如果按 Space 键，则可以切换为抓手工具。抓手工具的属性栏如图 3-175 所示。其中，单击"百分比"按钮 100%，图像将以实际大小显示；单击"适合屏幕"按钮，图像将以适合屏幕的大小显示。

图 3-175  抓手工具属性栏

## 三、缩放工具

缩放工具用于放大或缩小图像。当选择该工具后，每单击一下，图像将放大到下一个设定尺寸，如果按住 Alt 键的同时单击，则每单击一次将使图像缩小到下一个设定尺寸。按住 Alt 键，滚动鼠标的滚轮即可实现图像的放大、缩小。还可以设置缩放工具属性栏适当地缩放图像大小，其属性栏如图 3-176 所示。

图 3-176  缩放工具属性栏

在 Photoshop 中，除了缩放工具，还可以按快捷键 Ctrl+"+"进行放大、按快捷键 Ctrl+"-"进行缩小、按快捷键 Ctrl+"0"将图像以适合窗口铺满画布显示。

## 四、选区模式工具

选区模式工具用于进入快速蒙版编辑模式。它没有工具属性栏。单击"以快速蒙版模式编辑"按钮 ▣，即可进入快速蒙版编辑模式状态。

快速蒙版编辑模式用于创建和修改十分精确的选区范围。先把所选的区域创建一个快速蒙版后，再用绘图工具或滤镜对选区进行修整，使选区扩大或缩小到所需的选择范围，最后当退出快速蒙版编辑模式返回标准编辑模式下时，未受蒙版屏蔽的区域就会变成选区被选中，从而创建精确的选区。在图像中创建一个快速蒙版后，几乎可以使用所有的变形滤镜和工具来修改蒙版形状。

具体操作步骤如下。

（1）先使用矩形选框工具在图像上绘制如图 3-177 所示的矩形选区（选区可以为任意形状）。

（2）单击工具箱中的"以快速蒙版模式编辑"按钮  或按 Q 键进入快速蒙版编辑模式。此时，未选区被覆盖上一层薄膜，受到屏蔽，而原来的选区则正常显示，如图 3-178 所示。

图 3-177　绘制的矩形选区　　　　　图 3-178　快速蒙版编辑模式状态

（3）在默认情况下，快速蒙版编辑模式以"不透明度"为"50%"的红色覆盖屏蔽区域，当然用户也可以更改快速蒙版的参数。只要双击工具箱中的"以快速蒙版模式编辑"按钮 ，就会打开如图 3-179 所示的"快速蒙版选项"对话框，而用户可以在此对话框中更改快速蒙版的各项参数。

图 3-179　"快速蒙版选项"对话框

（4）执行"滤镜"→"扭曲"→"波纹"命令，在打开的"波纹"对话框中设置相应的参数，如图 3-180 所示，单击"确定"按钮，效果如图 3-181 所示。

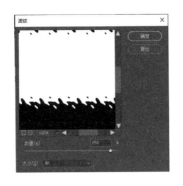 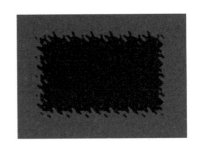

图 3-180　"波纹"对话框　　　　　图 3-181　添加"波纹"滤镜后的效果

（5）单击工具箱中的"以标准模式编辑"按钮 或按 Q 键返回标准模式编辑状态，此时得到编辑后的选区形状，如图 3-182 所示。

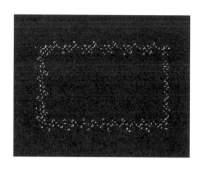

图 3-182　返回标准模式编辑后的选区形状

在快速蒙版编辑模式下，选择一种绘图工具进行编辑，如果前景色为黑色，则绘画被加入蒙版，被屏蔽区域扩大；如果前景色为白色，则绘画将从蒙版中减去，被屏蔽区域缩小，选区扩大。

## 五、屏幕显示模式工具

屏幕显示模式工具用于控制 Photoshop 的显示窗口。该工具和选区模式工具一样都没有属性栏。在使用过程中，如果单击"标准屏幕模式"按钮，则屏幕将以标准模式显示，如图 3-183（a）所示；如果单击"带有菜单栏的全屏模式"按钮，则屏幕将隐藏窗口标题栏，以带有菜单的模式显示，如图 3-183（b）所示；如果单击"全屏模式"按钮，则屏幕将隐藏窗口标题栏和菜单栏，以全屏模式显示，如图 3-183（c）所示。

（a）以标准模式显示

图 3-183　屏幕显示的 3 种模式

（b）以带有菜单的模式显示

（c）以全屏模式显示

图 3-183　屏幕显示的 3 种模式（续）

## 六、标尺、网格和辅助线

在 Photoshop 中对图像进行处理和设计时，使用标尺、网格和辅助线对精确定位鼠标指针起着重要的辅助作用。

1. 标尺

选择"视图"→"标尺"命令或按快捷键 Ctrl+R，可以将标尺显示出来。如果想要隐藏标尺，则可以再次按快捷键 Ctrl+R。标尺的单位可以通过执行"编辑"→"首选项"→"单位与标尺"命令来更改。

下面分别介绍更改标尺零位点（原点）的两种方法。

（1）如果将标尺零位点对齐网格、切片或文档边界，则选择"视图"→"对齐到"命令，并从级联菜单中选取任何命令的组合。

（2）首先将鼠标指针放置在图像文档窗口左上角水平标尺与垂直标尺的交叉点上，然后在图像中沿对角线向下拖动，即可出现一组十字线，用以标记标尺上的新零位点。如果想要使标尺零位点对齐标尺上的刻度，则拖动时要按住 Shift 键。

2. 网格

选择"视图"→"显示"→"网格"命令或按快捷键 Ctrl+"'"，可以将网格显示出来。如果想要隐藏网格，则可以再次按快捷键 Ctrl+"'"。在 Photoshop 中，网格在默认情况下显示为非打印的直线，也可以显示为网点。网格对对称布置图像非常有用。

3. 辅助线

辅助线又被称为参考线，是浮在整个图像上的可移动、删除或锁定但不能被打印的直线。它可以定位目标，在标尺上按住鼠标左键在窗口上拖动，即可创建一条或多条辅助线。从水平标尺拖动可以创建水平辅助线，从垂直标尺拖动可以创建垂直辅助线。如果想要移动辅助线，则先选择移动工具，再将鼠标指针放在辅助线上，此时鼠标指针变为双箭头，即可移动辅助线。

当按住 Alt 键单击或移动辅助线时，可以将辅助线从水平改为垂直，反之亦然。当按住 Shift 键移动辅助线时，可以使辅助线与标尺上的刻度对齐。如果网格可见，并选择"视图"→"对齐到"→"网格"命令，则辅助线将与网格对齐。

选择"视图"→"新建参考线"命令，可以新建辅助线；选择"视图"→"清除参考线"命令，可以清除所有的参考线，也可以将参考线拖出图像窗口进行删除。

## 实战案例：设计一款时尚手提袋

用户通过对时尚手提袋的设计，能够熟练掌握自由变换图层和变换选区的方法与技巧。

操作步骤

（1）选择"文件"→"新建"命令，在打开的"新建文档"对话框中设置相应的参数，如图 3-184 所示，单击"创建"按钮，得到定制的画布。

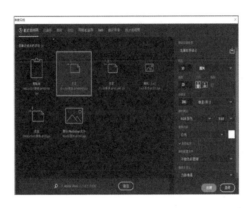

图 3-184　设置"新建文档"对话框中的参数

（2）按快捷键 Ctrl+R 打开标尺，在画布中绘制如图 3-185 所示的辅助线。按快捷键 Ctrl+R 关闭标尺。单击图层面板中的"创建新图层"按钮回，新建一个图层，并命名为"正面"，选择工具箱中的矩形选框工具回，在画布上绘制如图 3-186 所示的矩形选区。

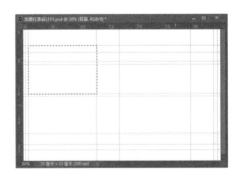

图 3-185　绘制辅助线 　　　　　　　　　　　图 3-186　绘制矩形选区（1）

（3）设置前景色为 #7a102b，按快捷键 Alt+Delete 给选区填充前景色，效果如图 3-187 所示。选择"选择"→"变换选区"命令，对选区进行变换处理。将鼠标指针放在选区变换控制框的上边，从上向下拖动选区到如图 3-188 所示的位置。

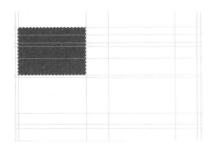

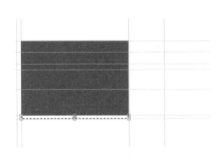

图 3-187　给选区填充前景色（1）　　　　　　图 3-188　变换选区状态（1）

（4）按 Enter 键结束选区变换。设置前景色为 #665504，按快捷键 Alt+Delete 给选区填充前景色，效果如图 3-189 所示。再次使用"变换选区"命令将选区变换为如图 3-190 所示的状态。

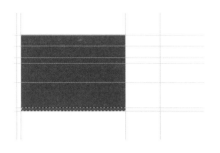

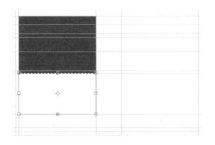

图 3-189　给选区填充前景色（2）　　　　图 3-190　变换选区状态（2）

（5）按 Enter 键结束选区变换。设置前景色为 #ecebeb，按快捷键 Alt+Delete 给选区填充前景色，效果如图 3-191 所示。再次使用"变换选区"命令将选区变换为如图 3-192 所示的状态。

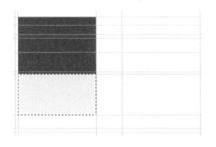

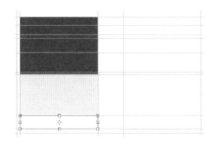

图 3-191　给选区填充前景色（3）　　　　图 3-192　变换选区状态（3）

（6）按 Enter 键结束选区变换。设置前景色为 #92653c，按快捷键 Alt+Delete 给选区填充前景色，效果如图 3-193 所示，按快捷键 Ctrl+D 取消选区。按快捷键 Ctrl+"+"放大显示图像，选择工具箱中的矩形选框工具 ，在画布上绘制如图 3-194 所示的矩形选区。

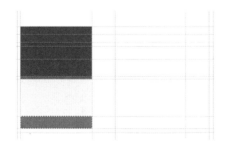

图 3-193 给选区填充前景色（4）　　　　图 3-194 绘制矩形选区（2）

（7）选择"选择"→"变换选区"命令，将鼠标指针放在变换选区控制框的右边缘，按住 Shift 键向左拖动鼠标指针，变换选区状态，如图 3-195 所示，按 Enter 键确定选区变换。

（8）按快捷键 Ctrl+T 对选区内的内容进行自由变换（这与变换选区不同，变换选区只是对选区形状进行变换，选区内的图像不会发生变化，而自由变换是对选区内的图像进行变换）。在选区上右击，并在弹出的快捷菜单中选择"透视"命令，将鼠标指针放在自由变换控制框的右上角，向左拖动鼠标指针，变换至如图 3-196 所示的状态，按 Enter 键结束自由变换，按快捷键 Ctrl+D 取消选区。

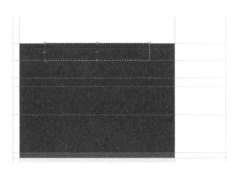

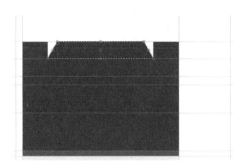

图 3-195　变换选区状态（4）　　　　　图 3-196　自由变换后选区内图像的状态

（9）单击图层面板中的"创建新图层"按钮，新建一个图层，并命名为"图案 1"，选择工具箱中的自定形状工具，在属性栏中单击"形状"右侧的下拉按钮，在弹出的形状下拉列表中选择合适的形状，并在画布上绘制如图 3-197 所示的图案。确认工具箱中的移动工具处于选择状态，按快捷键 Shift+Alt 向右拖动鼠标指针，复制图案，效果如图 3-198 所示。

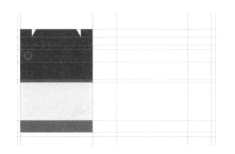

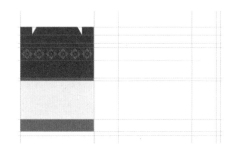

图 3-197　绘制图案　　　　　　　图 3-198　复制图案后的效果

（10）按快捷键 Ctrl+E 将所有图案 1 图层、图案 1 拷贝图层与正面图层合并。选择工具箱中的钢笔工具，在画布中绘制如图 3-199 所示的路径，按快捷键 Ctrl+Enter 将路径转换为选区。按 Delete 键删除选区内的图像，效果如图 3-200 所示。

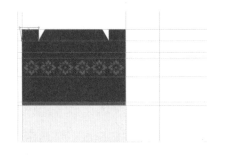

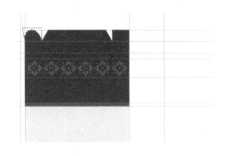

图 3-199　使用钢笔工具绘制路径　　　　图 3-200　删除选区内的图像（1）

（11）选择"选择"→"变换选区"命令，在选区上右击，并在弹出快捷菜单中选择"水平翻转"命令，按 Enter 键确定选区变换。选择工具箱中的椭圆选框工具，将鼠标指针放在选区内，当鼠标指针呈形状时，按住鼠标左键将选区移动到如图 3-201 所示的位置。按 Delete 键删除选区内的图像，取消选区，效果如图 3-202 所示。

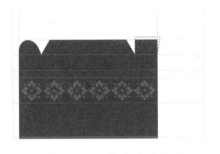

图 3-201    移动选区位置

图 3-202    删除选区内的图像（2）

（12）确认椭圆选框工具处于选择状态，在画布上绘制如图 3-203 所示的椭圆形选区。选择"选择"→"变换选区"命令，将鼠标指针放在变换选区控制框的右上角，按快捷键 Shift+Alt 向左拖动鼠标指针，中心变换选区，效果如图 3-204 所示，按 Enter 键确定选区变换。

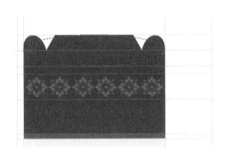

图 3-203    绘制椭圆形选区

图 3-204    中心变换选区后的状态

（13）选择"编辑"→"描边"命令，在打开的"描边"对话框中设置相应的参数，如图 3-205 所示。单击"确定"按钮，按 Delete 键删除选区内的图像，取消选区，效果如图 3-206 所示。

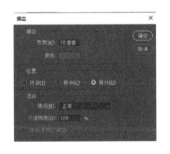

图 3-205    设置"描边"对话框中的参数

图 3-206    删除选区内的图像（3）

（14）打开本任务配套素材中的"龙图案 1"图片，如图 3-207 所示。选择工具箱中的移动工具，将"龙图案 1"图片拖动到"龙源红茶设计"图片中，并调整其大小及位置，如图 3-208 所示。

图 3-207　打开"龙图案 1"图片

图 3-208　调整"龙图案 1"的大小及位置

（15）单击图层面板中的"添加图层样式"下拉按钮 fx ，在弹出的下拉列表中选择"投影"选项，在打开的"图层样式"对话框的"投影"选项区中设置如图 3-209 所示的参数。选择"斜面和浮雕"选项，在"斜面和浮雕"选项区中设置如图 3-210 所示的参数。

图 3-209　设置投影样式参数（1）

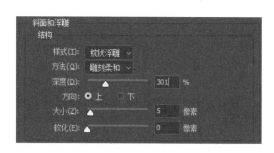

图 3-210　设置斜面和浮雕样式参数（1）

（16）单击"确定"按钮，得到如图 3-211 所示的下陷浮雕效果，按快捷键 Ctrl+E 将龙图案 1 图层与正面图层合并。单击图层面板中的"创建新图层"按钮 回 ，新建一个图层，并命名为"立体右侧面"，选择工具箱中的矩形选框工具 ，在画布上绘制如图 3-212 所示的矩形选区。

图 3-211　添加图层样式后的图片效果

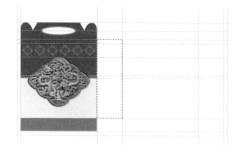

图 3-212　绘制矩形选区（3）

（17）设置前景色为 #7a102b，按快捷键 Alt+Delete 给选区填充前景色，效果如图 3-213 所示。选择"选择"→"变换选区"命令对选区进行变换处理。将鼠标指针放在选区变换控制框的上边，从上向下拖动选区到如图 3-214 所示的位置，按 Enter 键确定选区变换。

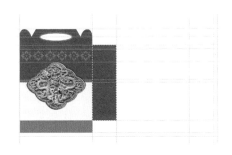

图 3-213  给选区填充前景色（5）

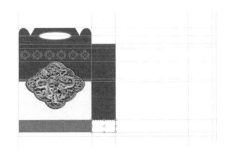

图 3-214  变换选区状态（5）

（18）设置前景色为 # 92653c，按快捷键 Alt+Delete 给选区填充前景色，取消选区，效果如图 3-215 所示。选择工具箱中的矩形选框工具 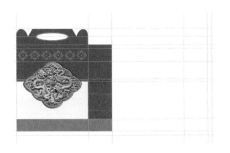，在画布上绘制如图 3-216 所示的矩形选区。

图 3-215  给选区填充前景色（6）

图 3-216  绘制矩形选区（4）

（19）按快捷键 Ctrl+T 对选区内的内容进行自由变换。在选区上右击，并在弹出的快捷菜单中选择"透视"命令，得到如图 3-217 所示的效果，按 Enter 键结束自由变换，按快捷键 Ctrl+D 取消选区。选择工具箱中的多边形套索工具，在画布上绘制如图 3-218 所示的选区，按 Delete 键删除选区内的图像。

图 3-217  透视变换选区内的图像

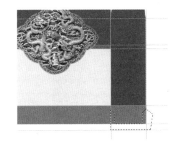

图 3-218  绘制选区

（20）选择工具箱中的矩形选框工具，在画布上绘制如图 3-219 所示的矩形选区。选择"选择"→"变换选区"命令，变换选区至如图 3-220 所示的状态。按 Enter 键确认选区变换，按 Delete 键删除选区内的图像。

（21）单击图层面板中的"创建新图层"按钮，新建一个图层，并命名为"立体右侧面图案"。选择工具箱中的矩形选框工具，在画布上绘制如图 3-221 所示的矩形选区。选择"

选择"→"修改"→"平滑"命令，在打开的"平滑选区"对话框中设置"取样半径"为"5"像素，单击"确定"按钮，设置平滑后的选区状态如图 3-222 所示。

图 3-219　绘制矩形选区（5）

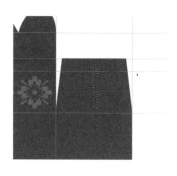

图 3-220　变换选区状态（6）

图 3-221　绘制矩形选区（6）

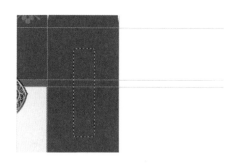

图 3-222　设置平滑后的选区状态

（22）设置前景色为 #ffd016，按快捷键 Alt+Delete 给选区填充前景色，取消选区，效果如图 3-223 所示。单击图层面板中的"创建新图层"按钮 ，新建一个图层，并命名为"自定义填充图案"，选择工具箱中的自定形状工具 ，在属性栏中单击"形状"右侧的下拉按钮，在弹出的形状下拉列表中选择合适的形状，并在画布上绘制如图 3-224 所示的图案。

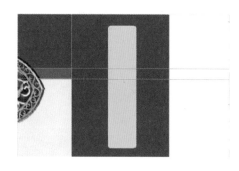

图 3-223　给选区填充前景色（7）

图 3-224　绘制的自定义填充图案

（23）将自定义填充图案图层再复制一个副本，将该副本图层垂直翻转并调整到如图 3-225 所示的位置。单击图层面板中的"添加图层样式"下拉按钮 ，在弹出的下拉列表中选择"斜面和浮雕"选项，打开"图层样式"对话框，并设置斜面和浮雕样式的参数，如图 3-226 所示，单击"确定"按钮。

图 3-225　调整后的自定义图案效果

图 3-226　设置斜面和浮雕样式参数（2）

（24）在图层面板中选择正面图层，单击图层面板中的"创建新图层"按钮⊞，新建一个图层，并命名为"正面文字衬底"，选择工具箱中的矩形选框工具▦，在画布上绘制如图 3-227 所示的矩形选区。设置前景色为 # ffffff，按快捷键 Alt+Delete 给选区填充前景色，效果如图 3-228 所示。

图 3-227　绘制矩形选区（7）

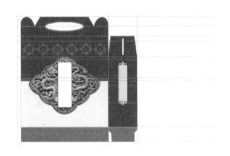

图 3-228　给选区填充前景色（8）

（25）设置前景色为 #f13b3b，选择"编辑"→"描边"命令，在打开的"描边"对话框中设置描边"宽度"为"10 像素"，"位置"为"居中"，单击"确定"按钮，得到如图 3-229 所示的效果，取消选区。设置前景色为 # 794c11，选择直排文字工具▣，在画布上输入文字"龙源红茶"，调整文字的大小及位置，这里将文字的字体设置为"方正超粗黑繁体"，效果如图 3-230 所示。

图 3-229　给矩形选区描边后的效果

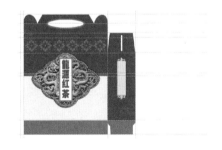

图 3-230　输入与设置文字（1）

（26）单击图层面板中的"添加图层样式"下拉按钮fx，在弹出的下拉列表中选择"投影"选项，在打开的"图层样式"对话框的"投影"选项区中设置相应的参数，如图 3-231 所示。选择"斜面和浮雕"选项，在"斜面和浮雕"选项区中设置相应的参数，如图 3-232 所示。

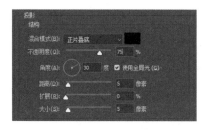
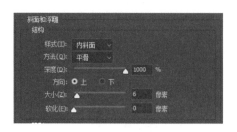

图 3-231　设置投影样式参数（2）　　　　图 3-232　设置斜面和浮雕样式参数（3）

（27）单击"确定"按钮，得到如图 3-233 所示的下陷浮雕效果。单击图层面板中的"创建新图层"按钮⊞，新建一个图层，设置前景色为 #fee11f，选择工具箱中的椭圆工具◯，在属性栏中选择填充像素模式，按住 Shift 键在画布上绘制如图 3-234 所示的正圆。

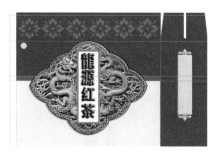

图 3-233　添加图层样式后的文字效果　　　　　　　图 3-234　绘制正圆

（28）按快捷键 Ctrl+Alt+Shift 复制正圆，如图 3-235 所示。设置前景色为 #ee182c，选择工具箱中的直排文字工具⊤，在画布上输入文字"百年老字号"，调整文字的大小及位置，这里将文字的字体设置为"方正隶变简体"，效果如图 3-236 所示。

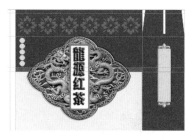

图 3-235　复制正圆　　　　　　　　图 3-236　输入与设置文字（2）

（29）设置前景色为 # 640f06，选择工具箱中的横排文字工具⊤，在画布上输入公司名称的中英文，调整其大小及位置，这里将文字的字体设置为"方正综艺简体"，效果如图 3-237 所示。按快捷键 Ctrl+E 将包装正面所有元素图层合并。按快捷键 Ctrl+Alt+Shift 复制包装正面图层，效果如图 3-238 所示。

（30）在图层面板中选择立体右侧面图层，设置前景色为 # a63c08，选择工具箱中的直排文字工具⊤，在画布上输入文字"光山县特色品牌"，调整文字的大小及位置，这里将文字的字体设置为"方正隶变简体"，效果如图 3-239 所示。按快捷键 Ctrl+E 将包装"立体右侧面"的所有元素层合并。按快捷键 Ctrl+Alt+Shift 复制包装立体右侧面拷贝图层，效果如图 3-240 所示。

图 3-237 输入与设置文字（3）

图 3-238 复制包装正面图层

图 3-239 输入与设置文字（4）

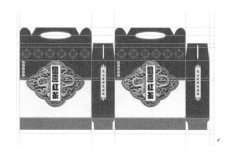

图 3-240 复制包装立体右侧面拷贝图层

（31）设置前景色为 #000000，选择工具箱中的横排文字工具 T，在画布上根据需要分别输入公司名称及其他文字，调整其大小及位置，如图 3-241 所示。

（32）打开本任务配套素材中的"产品条码"图片，如图 3-242 所示。选择工具箱中的移动工具 ，将"产品条码"图片拖动到"龙源红茶设计"图片中，并调整其大小及位置，效果如图 3-243 所示。

图 3-241 输入与设置文字（5）

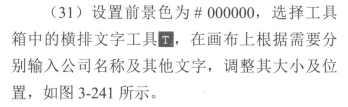

图 3-242 打开"产品条码"图片

图 3-243 调整"产品条码"图片在"龙源红茶设计"图片中的大小及位置

图 3-244　包装拼接处包边

（33）单击图层面板中的"创建新图层"按钮 ⊞，新建一个图层，利用前文的方法完成包装拼接处的包边，效果如图 3-244 所示。

（34）设置前景色为 #420817，选择工具箱中的直线工具 ╱，在属性栏中的选择"形状"选项，设置描边为黑色，线的粗细为 1 像素，根据辅助线绘制包装的压模折痕，按快捷键 Ctrl+";"隐藏辅助线，最终效果如图 3-245 所示。

图 3-245　制作完成的时尚手提袋

# 课后训练 3

1．在 Photoshop 中，能够填充图案的工具有哪些？选区与路径能相互转换吗？按快捷键 Ctrl+H 能够隐藏选区、路径和辅助线吗？

2．在工具箱中哪些工具在使用时与容差值有关？容差值越大，所选工具的作用范围就越大，这种说法对吗？

3．在 Photoshop 中，能使用矩形选框工具选取图像一部分内容，并将其定义为图案吗？

4．使用海绵工具可以增加或降低一幅图片的饱和度吗？

5．使用模糊工具和涂抹工具涂抹图像的同一地方，试观察与比较它们之间的区别。

# 项目 4
## 浮动面板

◆ 了解图层、通道、路径、蒙版的概念。

◆ 熟悉图层的操作方法。

◆ 掌握图层蒙版的添加及编辑的方法。

思政要求

◆ 发扬执着专注、开拓进取的工匠精神。

◆ 培养爱岗敬业、诚实劳动的劳模精神。

浮动面板位于 Photoshop 窗口的右侧，常用的有导航器、信息、颜色、样式、色板、通道、路径、动作、历史记录和图层等 10 个面板。这些面板是用户进行图形图像处理不可缺少的利器。

# 任务 1　导航器面板、信息面板和直方图面板

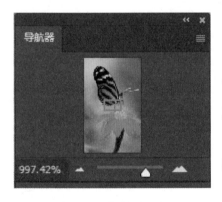

图 4-1　导航器面板

## 一、导航器面板

导航器面板在 Photoshop 早期版本中被称为"鹰眼"，它具有浏览图像局部或整体的作用。使用它可以帮助用户更加方便地查看图像的局部或整体。向右拖动其下方的滑块可以将图像放大至 12800%，向左拖动滑块可以将图像缩小至 0.08%。导航器面板如图 4-1 所示。

## 二、信息面板

信息面板显示了鼠标指针在图像某一点的 RGB、CMYK 颜色值及其坐标位置和剪裁框大小。如果使用了吸管工具 在画布上进行色彩采样，则在该面板中还显示取样点的色彩信息，如图 4-2 所示。

## 三、直方图面板

直方图面板显示了当前图像的亮暗度的整体情况，从该面板所显示的直方图中可以看出图像的整体情况是偏亮还是偏灰。如果单击直方图面板右上角的 按钮，则会弹出一个下拉

列表，选择"全部通道视图"选项，可以观察当前图像各个通道色彩的亮暗情况，从而确定图像的整体质量。选择"全部通道视图"选项后的直方图面板显示状态如图 4-3 所示。

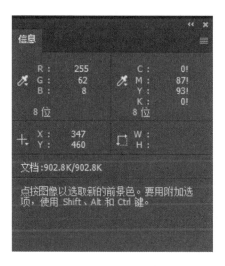

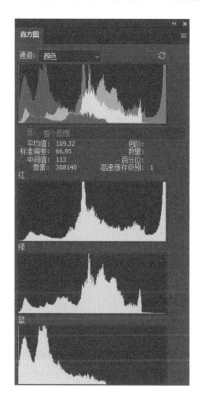

图 4-2　取样后的信息面板　　图 4-3　选择"全部通道视图"选项后的直方图面板显示状态

# 任务 2　颜色面板、色板面板和样式面板

## 一、颜色面板

在默认情况下，颜色总是根据 RGB 颜色值来调整和体现某种颜色。颜色面板如图 4-4 所示，用户可以通过调整 R、G、B 各滑块的颜色饱和值来获取所需的颜色；也可以将鼠标指针放置在颜色面板下方的色标条上，此时鼠标指针会变为颜色吸管形状，在该色标条上即可吸取所需的颜色。

## 二、色板面板

在 Photoshop 窗口右侧面板中，选择"色板"选项卡后，打开色板面板，如图 4-5 所示。在色板面板中可以选择显示颜色、增加前景色和删除某种颜色。如果色板面板中没有想要的颜色，则可以单击该面板右上角的 ■按钮，在弹出的下拉列表中先选择"颜色"选项，再追加到色板面板中。

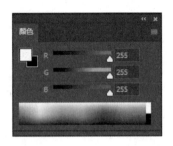

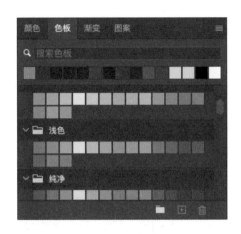

图 4-4　颜色面板　　　　　　　　　　　　图 4-5　色板面板

### 三、样式面板

样式面板是 Photoshop 2021 的一大特色，如图 4-6 所示，其中内置了基础、自然、皮毛、织物等特殊效果。选择样式面板中的任意一个样式，便可以快速地应用到按钮、文字或图像中。当样式面板中的样式不够用时，可以单击该面板右上角的▤按钮，在弹出的下拉列表中追加所需的样式选项，也可以在图层面板中修改样式参数来改变特效。如图 4-7 所示，文字效果就是通过样式面板添加样式后得到的。

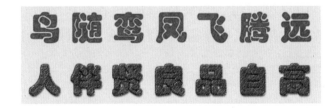

图 4-6 样式面板　　　　　　　　图 4-7　给文字添加样式后的效果

用户可以先在图层面板中编辑好样式，然后通过单击样式面板中的"创建新样式"按钮▣，将其添加到样式面板中。同样，如果觉得样式面板中的样式不是很实用，则可以选择不需要的样式，并将其拖动到样式面板中的"删除样式"按钮▥上将其删除。

## 任务 3  历史记录面板和动作面板

### 一、历史记录面板

历史记录面板记录了处理图像的操作步骤。在默认情况下，历史记录面板只能记录前50步的历史操作。如果想要改变历史记录步骤的数量，则可以选择"编辑"→"首选项"→"性能"命令，并在历史记录状态栏中输入需要记录的步骤数量。历史记录面板如图4-8所示。

单击历史记录面板中的"创建新快照"按钮 ，可以记录某一时间段图像的操作步骤。这样在进行图像处理时，如果对某一时间段的图像操作都比较满意，则可以单击"创建新快照"按钮 ，创建一个新快照。如果以后某个操作出现失误，则可以直接单击以前创建的快照层，恢复到所选择的快照处。新建快照后的历史记录面板如图4-9所示。将某一个快照或某一个操作步骤拖动到"删除状态"按钮 上即可将其删除。

图 4-8  历史记录面板

图 4-9  新建快照后的历史记录面板

### 二、动作面板

动作相当于 Word 中的宏。每一个动作实际上是一系列指令的集合，在应用某个动作时，只需双击动作面板中的某个动作，或者选择该动作后，单击动作面板中的"播放"按钮 即可运行。动作面板如图4-10所示。

图 4-10　动作面板

一般来说，动作主要用于大批量执行某一特定操作时，为节省时间、提高效率而被创建的。假设这里扫描了很多杂志照片，这些照片都存在一些共同的瑕疵，如都存在印刷网纹，并且由于扫描仪的原因，扫描后的图片都普遍偏灰。这时就需要创建一个去除网纹并调整图像对比度的动作，以便节省大量重复烦琐的操作，从而解决问题，提高工作效率。

下面介绍如何创建去除网纹并调整对比度的动作。

（1）选择需要调整的图片，单击动作面板中的"创建新动作"按钮 ，新建一个动作。在打开的"新动作"对话框中输入新动作名称"去网、调对比度"，单击"记录"按钮。

（2）此时动作面板中的 按钮呈红色显示状态，表示正在记录操作步骤。选择"滤镜"→"杂色"→"去斑"命令，即可去除印刷网纹。如果一次性去除网纹的效果不是很好，则可以按快捷键 Ctrl+F 多次应用去斑滤镜。

（3）去除网纹后，选择"图像"→"调整"→"亮度"→"对比度"命令，在打开的"亮度/对比度"对话框中调整相应的参数，调整图像的亮度和对比度，使其不再偏灰，单击"确定"按钮。最后单击动作面板中的 按钮停止动作的录制。

（4）选择下一幅需要调整的图像，单击动作面板中的 按钮，播放录制好的动作即可完成去除图像的网纹和调整对比度的操作。

# 任务 4　图层面板

## 一、图层面板

图层是处理和编辑图像不可缺少的重要元素。在 Photoshop 中，用户可以将图像的每一个部分置于不同的图层中，这些图层叠放在一起就形成完整的图像。用户可以独立地对每一个图层或某些图层中的图像进行编辑、特效处理等各种操作，而其他图层不会受到影响。用户可以将图层理解为一张张重叠起来的透明塑料片。如果图层上没有图像，则可以一直看到下面的图层上的内容。理论上每一个图像文件可包含 100 多个图层。需要注意的是，如果想要使图像文件包含图层信息，则在存储时必须将图像文件保存为 *.PSD 格式。

Photoshop 中的新建图像只有一个图层，即背景图层。它总是在堆栈顺序的底部，用户不能更改背景图层在堆栈顺序中的位置，也不能将图层混合模式或不透明度应用于背景图层。如果想要强制改变这些特性，则双击背景图层，使其转换为 0 图层。

在组合或合并图层之前，图像中的每个图层都是相对独立的。这就意味着用户可以绘制、编辑、粘贴和重定位图层上的内容；可以任意设置图层类型、不透明度和混合模式，而不影响其他图层。Photoshop 支持正常图层和文本图层。另外，Photoshop 还支持调整图层和填充图层，可以使用蒙版、图层剪贴路径和图层样式将复杂效果应用于图层。

要想显示或隐藏图层面板可以按 F7 键来完成。图层面板中的各项名称如图 4-11 所示。用户在图层面板中可以完成大多数的图层功能。

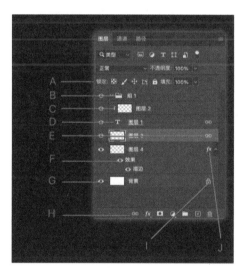

A. 图层"锁定"按钮，从左到右分别为"锁定透明像素"按钮、"锁定图像像素"按钮、"锁定位置"按钮、"防止在画板和画框内外自动嵌套"按钮及"锁定全部"按钮；B. 图层组；C. 剪贴组；D。文本图层；E. 链接 / 取消链接；F. 效果栏；G. 显示 / 隐藏图层可视性；H. 工具按钮，从左到右分别为"链接图层"按钮、"添加图层样式"按钮、"添加图层蒙版"按钮、"创建新的填充或调整图层"按钮、"创建新组"按钮、"创建新图层"按钮、"删除图层"按钮；I. 完全锁定的图层；J. 显示 / 隐藏图层样式。

图 4-11　图层面板

### 1. 显示和隐藏图层

使用图层面板可以控制是否让图层、图层组或图层效果可见，以及是否显示图层内容的预览，即缩略图。

显示或隐藏图层、图层组或图层效果。单击 👁 图标即可隐藏该图层、图层组或图层效果，再次单击 👁 图标即可重新显示。在如图 4-12 所示的"眼睛"图标列中向下拖动鼠标指针，可一次显示或隐藏多个图层及图层效果。按住 Alt 键并单击图层的"眼睛"图标，只显示该图层；再次按住 Alt 键并单击"眼睛"图标，即可重新显示所有图层。

图 4-12　一次显示或隐藏多个图层及图层效果

**2. 选择当前图层**

选择当前图层常用的方法有以下两种。

（1）在图层面板中，单击图层或图层组可以激活图层或图层组。

（2）选择工具箱中的移动工具 ✥，在图像上右击，并在弹出的快捷菜单中选取需要的图层。快捷菜单中列出了当前鼠标指针所在位置的像素的所有图层。

选中当前图层后，图像窗口的标题栏中会出现当前图层的名称，图层面板中的图层会高亮显示。

**3. 更改图层缩略图的显示**

单击图层面板右上角的 ☰ 按钮，在弹出的下拉列表中选择"面板选项"选项，打开"图层面板选项"对话框，如图 4-13 所示。在"图层面板选项"对话框中选中较小的缩略图单选按钮可以减小面板所需的空间，便于在显示屏较小的显示器上工作。选中"无"单选按钮，即可关闭缩略图的显示。

**4. 更改透明色的显示状态**

在图层中透明色是看不到的，怎么在屏幕上表示它呢？在默认情况下，文档的透明区域显示为棋盘图案。如果想要进行更改，则选择"编辑"→"首选项"→"透明度与色域"命令，打开如图 4-14 所示的"首选项"对话框，根据自己的需要重新设置即可。

图 4-13　"面板选项"选项及"图层面板选项"对话框

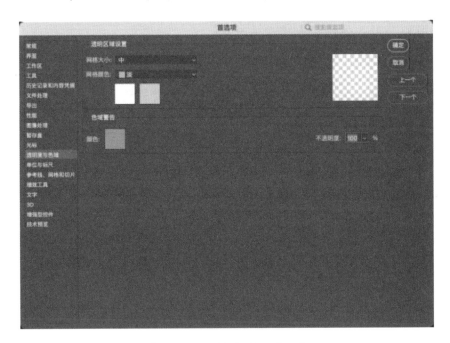

图 4-14　"首选项"对话框

## 5．更改图层的堆栈顺序

堆栈顺序是指图层的叠放次序。如果想要更改图层的堆栈顺序，则直接在图层面板中，将某个已选择的图层拖动到目标层之上或之下，也可以按快捷键 Ctrl+"["（或 Ctrl+"]"）将当前图层在图层面板中向下或向上移动。

**6. 锁定图层和图层组**

在图层的使用中，可以锁定图层或图层组，以确保图层的属性不可更改。单击图层面板中的 锁定: ⊞ ✓ ✛ ◻ 🔒 按钮将图层锁定后，图层名称的右侧会出现一把锁。图层完全锁定后，锁为实心，这时无法对图层进行任何编辑。当图层部分锁定时，锁为空心。例如，当锁定位置时，图层被部分锁定，这时不能使用移动工具移动其内容，不能将其删除；但可以在图层面板的堆栈顺序范围内，将锁定的图层移动到其他位置。

**7. 部分锁定图层或图层组的按钮**

选择一个图层，并从图层面板中选择一个或多个所需的锁定选项。

"锁定透明像素"按钮 ⊞：用于防止编辑透明像素。此按钮的功能与 Photoshop 早期版本中的"保留透明区域"按钮的功能相同。

"锁定图像像素"按钮 ✓：用于防止使用绘画工具修改图像，但并不防止可能应用于图层的任何蒙版。此选项也可防止移动图像。

"锁定位置"按钮 ✛：用于锁定图层上图像的位置。

"防止在画板和画框内外自动嵌套"按钮 ◻：无论将图层上的对象放置在画板边界内外，都不会被自动嵌套到画板组中。

"锁定全部"按钮 🔒：用于自动锁定选择图层的所有属性。

**8. 链接图层**

把两个或更多的图层链接，可以将其内容一起移动。在图层面板中选择图层或图层组并右击，在弹出的快捷菜单中选择"链接图层"命令，列中出现"链接"图标 ⊂⊃ 。

在链接图层组时，图层组中包含的图层为隐式链接，即显示为灰色的链接图标 ⊂⊃。要想取消链接图层，在图层面板中右击，在弹出的快捷菜单中选择"取消图层链接"命令。

**9. 改变图层不透明度**

用户可以使用图层面板中的"不透明度"选项更改图层组中的一个或多个图层的不透明度值。当不透明度值为 100% 时，图层正常显示；当不透明度值为 0% 时，图层上的所有像素都变得透明而不可见。

在 Photoshop 的面板中有两个"不透明度"选项，上面的"不透明度"选项为"总体不透明度"。"不透明度"选项下面为"填充"选项，它只影响图层中填充的不透明度，不会影响"图层样式"所产生的效果。

## 二、图层的操作

在 Photoshop 中，普通图层分为图层和图层组。图层组可以帮助用户组织和管理图层。图层组可以很容易地将多个图层作为一个整体进行操作，如移动、应用属性和添加蒙版等，同时折叠图层组可以避免混乱。

图层组和图层的功能大致相同，用户可以像操作图层一样操作图层组。普通图层的操作包括新建图层或图层组、复制图层或图层组、折叠或展开图层组、移动、对齐与分布图层或图层组、合并图层或图层组、删除图层或图层组。下面分别介绍具体的操作方法。

### 1. 新建图层或图层组

用户可以创建空图层，然后向其中添加内容，也可以利用现有的内容来创建新图层。在创建新图层时，它显示在图层面板中所选图层的上面或所选图层组内。用户可以使用以下方法来添加图层。

（1）使用默认选项添加新图层或图层组。单击图层面板中的"创建新图层"按钮 ⊞ 或"创建新组"按钮 ▣，即可新建一个空图层或图层组，此时图层的混合模式默认设置为"正常"，不透明度为"100%"，并按照创建的顺序进行命名。

（2）将选区转换为新图层。创建一个选区后，选择"图层"→"新建"→"通过拷贝的图层"命令，将选区复制到新图层中，或者选择"图层"→"新建"→"通过剪切的图层"命令，剪切选区并将其粘贴到新图层中。使用这种方法，可以将多个图层的内容同时粘贴到新图层中。

（3）将背景图层转换为普通图层。选择"图层"→"新建"→"背景图层"命令，可以将背景图层转换为普通图层。反之亦然，也可以将一个普通图层转换为背景图层。

### 2. 复制图层或图层组

（1）在图像内复制图层或图层组。在图层面板中选择图层或图层组，将图层拖动到"创建新图层"按钮 ⊞ 上，或者将图层组拖动到"创建新组"按钮 ▣ 上，即可复制副本图层或图层组。新图层或新图层组按照创建的顺序进行命名。

如果在拖动时按住 Alt 键，则直接复制新的图层或图层组。

（2）在图像之间复制图层或图层组。打开源图像和目标图像。在源图像的图层面板中选择图层或图层组，将图层或图层组从图层面板拖动到目标图像中，也可以使用移动工具将图层或图层组从源图像拖动到目标图像中。复制的图层或图层组会显示在当前图层的上面。如果正在拖动的图层比目标图像大，则只能看见图层的一部分，但图层的其余部分仍然存在。

如果在拖动时按住 Shift 键，则可以将图像内容定位于它在源图像中的相同位置（如果源图像和目标图像具有相同的像素大小），或者将图像内容定位于文档窗口的中心（如果源图像和目标图像具有不同的像素大小）。

除了使用拖动方法复制图层或图层组，还可以使用其他方法实现：先选择需要复制的图像，按快捷键 Ctrl+C，再在目标图像中按快捷键 Ctrl+V。

### 3. 折叠或展开图层组

单击图层组中的 ▶ 按钮即可展开图层组，显示图层组中所包含的图层。单击 ⌄ 按钮即可折叠图层组，此时只显示图层组名称。如果想要折叠或展开应用于图层组所含图层的所有效果，则在单击"展开"按钮或"折叠"按钮时按住 Alt 键。

### 4. 移动、对齐与分布图层或图层组

（1）移动图层或图层组。用户可以使用移动工具调整图层的位置。选择移动工具（如果是另一个工具被选中，则可以按 Ctrl 键切换为移动工具），选择要移动的图层或图层组，将图层或图层组拖移到新位置。

（2）对齐图层或图层组。如果想要将图层的内容对齐到选区，则可在图像内创建一个选区，在图层面板中选择图层。如果想要将多个图层的内容对齐到选区边框，则必须在图层面板中将要对齐的图层链接起来，在属性栏中单击一个或多个对齐按钮：顶对齐、水平中齐、底对齐、左对齐、垂直中齐或右对齐。

（3）分布图层或图层组。在图层面板中，将 3 个或更多个图层链接起来，在移动工具属性栏中单击一个或多个分布按钮：按顶分布、垂直居中分布、按底分布、按左分布、水平居中分布或按右分布，如图 4-15 所示。

图 4-15　对齐按钮及分布按钮

### 5. 合并图层或图层组

用户通过合并图层、图层组、图层剪贴路径、剪贴组、链接图层或调整图层，可以将多个图层合并为一个图层或图层组，缩小文件大小。

（1）将图层或图层组与其下面的图层或图层组合并。合并之前要确定，要合并的两个图层或图层组是可见的。在图层面板中先选择这两个图层或图层组的上层图层或图层组，再选择"图层"→"合并图层"命令。

（2）合并图像中所有可见的图层或图层组。隐藏任何不想合并的图层或图层组。确保没有链接任何图层，选择"图层"→"合并可见图层"命令或从图层面板下拉列表中选择"合并可见图层"选项。

### 6. 删除图层或图层组

在图层面板中选择图层或图层组，单击图层面板中的 ■ 按钮，在打开的删除图层提示对话框中单击"是"按钮，或者将图层面板中的图层或图层组名称拖动到 ■ 按钮上，当 ■ 按钮呈高亮显示时释放鼠标左键，即可删除被拖动的图层或图层组。也可以选择"图层"菜单或图层面板下拉列表中的"删除图层"命令删除图层或图层组。

## 三、调整图层和填充图层

调整图层和填充图层与图像图层具有相同的"不透明度"选项和"混合模式"选项，并且可以用相同的方式重排、删除、隐藏和复制。在默认情况下，调整图层和填充图层有图层蒙版，由图层缩略图左边的"蒙版"图标表示。调整图层可以指定色彩调整类型。根据选择，会出现所选择调整命令的对话框。调整图层使用调整类型的名称，在图层面板中用链接到一个半实心圆圈的缩略图表示。调整图层的内容可以只应用到下层图层的局部。

填充图层使用填充类型的名称，由缩略图左边的颜色、图案或渐变图标表示。填充图层主要与剪贴路径一起使用。例如，在创建新图层剪贴路径时，默认为纯色填充，以后可以将其更改为渐变或图案填充图层。有时还可能独立于形状工具创建新的颜色图层、图案图层或渐变图层。例如，可以将图像的下半部分变暗，方法是创建从白到黑的填充渐变图层，并将其混合模式设置为"正片叠底"。通过在填充图层上进行上述操作，不必永久地修改原来的图像效果。

### 1. 创建调整图层或填充图层

如果想要将调整图层或填充图层的效果限制到一个选中的区域，则先创建一个选区或选中一条闭合路径。当使用选区时，创建的调整图层或填充图层受到图层蒙版限制。当使用路径时，创建的调整图层或填充图层受到图层剪贴路径限制。

单击图层面板中的 ● 下拉按钮，在弹出下拉列表中选择要创建的图层类型，也可以使用"图层"菜单创建调整图层或填充图层。

**2. 编辑调整图层或填充图层**

在图层面板中，首先双击调整图层或填充图层的缩略图，属性栏会自动弹出并显示，然后进行所需的调整，完成调整层或填充图层的编辑。

**3. 填充图层的 3 种类型**

填充图层有 3 种：颜色、图案和渐变。

➤ 颜色：是指填充图层的颜色，可以单击"颜色框"并选取颜色。

➤ 图案：是指填充图层的图案，可以在"填充"下拉列表中选取图案。在"缩放"文本框中输入数值或拖动滑块可以缩放图案。当编辑图案时，可以单击 ▣ 按钮，创建新预设图案。勾选"与图层链接"复选框可以在指定图案重新定位时与图层一起移动，并拖动缩放滑块或输入值以指定图案大小。必须至少载入一个图案，图案选项才可用。

➤ 渐变：是指填充图层的渐变颜色，可以单击▣按钮，创建渐变颜色。对于某些效果，可以指定附加的渐变选项。"反向"复选框用于翻转渐变颜色的取向，"与图层对齐"复选框用于在使用文档边界时使用图层定界框计算渐变颜色填充。"仿色"复选框用于对应图案仿色。"缩放"文本框用于是缩放渐变的应用（也可以使用鼠标指针移动渐变颜色的中心，方法是在图像窗口中单击并拖移），"样式"下拉列表用于指定渐变颜色的形状。

## 四、图层蒙版和矢量蒙版

在图层操作中，可以通过两种方法对图层的某个部分隐藏或显示。第一种，创建图层蒙版；第二种，使用矢量蒙版，它可以创建锐化边缘蒙版。

图层蒙版与分辨率有关，通过绘图或选择工具创建；而矢量蒙版与分辨率无关，通过钢笔工具或形状工具创建。在图层面板中，图层蒙版和矢量蒙版都显示为图层缩略图右侧的附加缩略图。对于图层蒙版，此缩略图代表添加图层蒙版时创建的灰度，即 Alpha 通道。对于矢量蒙版，此缩略图代表剪切图层内容的路径。

**1. 添加蒙版**

（1）添加显示或隐藏整个图层的蒙版。选择"选择"→"取消选择"命令，可以清除图像中的所有选区边框。在图层面板中,选择要添加蒙版的图层或图层组,执行下列操作之一。

① 如果想要创建显示整个图层的蒙版，则单击图层面板中的"新建图层蒙版"按钮▣。

② 如果想要创建隐藏整个图层的蒙版，则按住 Alt 键并单击"新建图层蒙版"按钮▣，

还可以使用"图层"菜单隐藏或显示整个图层。

（2）添加显示或隐藏选区的蒙版。在图层面板中，选择要添加蒙版的图层或图层组。如果想要创建显示或隐藏图层选中区域的蒙版，则使用选择工具在图像中选择所需的区域，单击图层面板中的"新建图层蒙版"按钮，选中的区域即可显示出来。还可以使用"图层"菜单显示隐藏的选区。创建图层蒙版后，可以使用绘图工具将希望隐藏的蒙版区域涂黑，或者将希望显示的蒙版区域涂白。

（3）添加显示形状内容的矢量蒙版。在图层面板中，选择要添加矢量蒙版的图层，选择一条路径，也可以使用形状工具或钢笔工具绘制工作路径。选择"图层"→"矢量蒙版"→"当前路径"命令。

2．编辑图层蒙版

（1）单击图层面板中的图层蒙版缩览图，如图 4-16 所示。

图 4-16　单击图层蒙版缩略图

（2）选择任何一种编辑或绘画工具，由于图层蒙版是一个灰度 Alpha 通道，因此当蒙版为现用时，前景色和背景色默认为灰度值。当编辑图层蒙版时，蒙版缩览图显示所做的更改。

（3）执行下列操作之一。

① 如果想要从蒙版中减去并显示图层，将蒙版涂成白色。如果想要使图层部分可视，将蒙版涂成灰色。如果想要在蒙版中添加并隐藏图层或图层组，将蒙版涂成黑色。

② 如果想要编辑图层而不是图层蒙版，单击图层面板中的图层缩览图并选择图层。

3．编辑图层蒙版的选项

双击图层面板中的图层蒙版缩览图，跳转到图层蒙版的调节界面，可以对图层蒙版进行更多细节的调整，如图 4-17 所示。

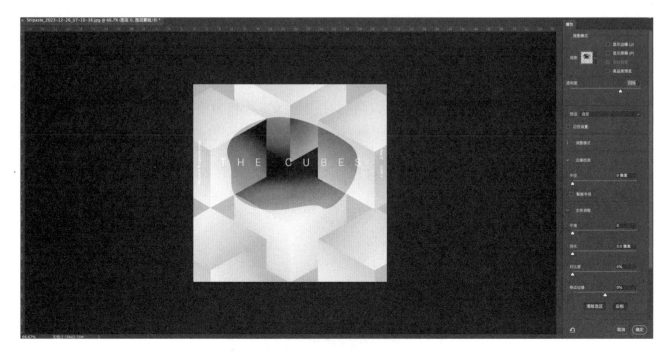

图 4-17　图层蒙版的调节界面

### 4．编辑矢量蒙版

如果想要编辑矢量蒙版，则单击图层面板中的矢量蒙版缩览图或路径面板中的缩览图编辑矢量蒙版，并使用形状工具和钢笔工具更改形状。也可以将矢量蒙版转换为图层蒙版，从而自动栅格化蒙版。需要注意的是，矢量蒙版被栅格化后，无法再将其转换为矢量对象。

### 5．删除矢量蒙版

单击图层面板中的矢量蒙版，将图层剪贴路径拖动到 🗑 按钮上。也可以选择"图层"→"栅格化"→"矢量蒙版"命令删除矢量蒙版，或者将矢量蒙版转换为图层蒙版。

### 6．取消链接

在默认情况下，图层或图层组与其图层蒙版或矢量蒙版链接。使用移动工具移动图层或图层蒙版时，图层及其图层蒙版在图像中一起移动。

单击"链接"图标可以从图层的蒙版取消链接图层。取消链接后，可以独立移动它们。如果想要重新创建链接，则单击图层和图层蒙版缩览图之间区域的链接图标。

### 7．图层蒙版操作

在默认情况下，图层蒙版通道出现在图像中。可以查看并编辑蒙版或暂时关闭其效果，还可以更改蒙版的显示选项。

（1）更改蒙版的显示选项。选择并显示图层蒙版式通道：按住 Alt 键并单击图层蒙版缩览图，只查看灰度蒙版。图层面板中的眼睛图标颜色变暗，是因为所有图层或图层组都被隐藏。如果想要重新显示图层，则先按住 Alt 键，再单击图层蒙版缩览图。

如果同时按住 Alt 键和 Shift 键并单击图层蒙版缩览图，则可以查看图层之上的红色蒙版。如果同时按住 Alt 键和 Shift 键并再次单击图层蒙版缩览图，则可以关闭颜色显示。

（2）暂时停用图层蒙版。如果按住 Shift 键并单击图层面板中的图层蒙版缩览图，则一个红色的╳出现在图层面板中的图层蒙版缩览图上，而下面的图层或图层组全都不带蒙版效果。如果想要打开蒙版，则按住 Shift 键并单击图层面板中的图层蒙版缩览图；也可以使用"图层"→"图层蒙版"子菜单中的命令启用或禁用图层蒙版。

（3）矢量蒙版操作。在默认情况下，矢量蒙版不会出现在图像中，但可以查看并编辑路径或暂时关闭其效果，还可以更改路径的显示选项。

（4）暂时关闭矢量蒙版。如果按住 Shift 键并单击图层面板中的图层蒙版缩览图，则一个红色的╳出现在图层面板中的矢量蒙版缩览图上，而下面的图层全都不带蒙版效果。如果想要打开矢量蒙版，则按住 Shift 键并单击图层面板中的矢量蒙版缩览图，也可以使用"图层"→"矢量蒙版"子菜单中的命令暂时关闭矢量蒙版。

（5）应用和扔掉图层蒙版。完成创建图层蒙版后，既可以应用蒙版并使这些更改永久化，也可以扔掉图层蒙版放弃所做的更改。因为图层蒙版是作为 Alpha 通道存储的，所以应用和扔掉图层蒙版有助于减少该图像文件的大小。

单击图层面板中的图层蒙版缩览图，如果想要删除图层蒙版并使更改永久化，则单击图层面板中的 🗑 按钮，在打开的提示对话框中单击"应用"按钮。如果想要删除图层蒙版放弃所做的更改，则单击图层面板中的 🗑 按钮，在打开的提示对话框中单击"不应用"按钮。

## 实战案例：制作茶叶广告

本任务通过制作茶叶广告，加深对图层模式叠加、图层蒙版、图层样式的理解。

### 操作步骤

（1）打开 Photoshop 工作界面，选择"文件"→"新建"命令，在打开的"新建文档"对话框中设置相应的参数，如图 4-18 所示，单击"创建"按钮，得到定制的画布。

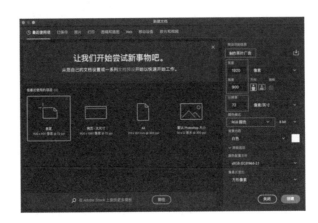

图 4-18  设置"新建文档"对话框中的参数

（2）新建一个图层，设置前景色为 RGB（209,226,178），按快捷键 Alt+Delete 给整个图层添加前景色，效果如图 4-19 所示。

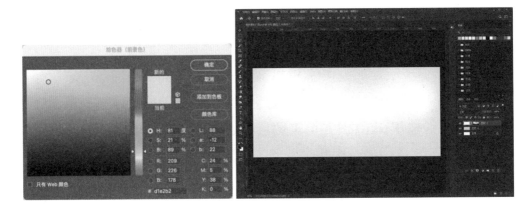

图 4-19  添加前景色

（3）单击 下拉按钮添加纯色填充，设置颜色为纯白色，给该图层添加图层蒙版，选择工具箱中的画笔工具，在画布上右击，并在弹出的面板中设置笔刷参数，如图 4-20 所示，将前景色调整为黑色，在图层面板中选中图层蒙版的缩略图后，使用画笔在画布上进行绘制，如图 4-21 所示。

 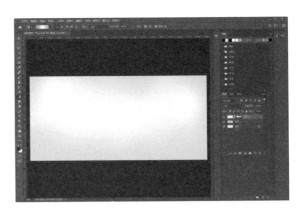

图 4-20  设置笔刷参数            图 4-21  使用画笔在画布上进行绘制

（4）打开本任务配套素材中的"圆形木板"图片，如图 4-22 所示。将"圆形木板"图片拖动到"制作茶叶广告"文件中，调整"圆形木板"图片的大小及位置，如图 4-23 所示。

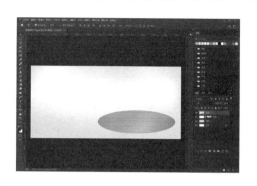

图 4-22　打开"圆形木板"图片　　　　　图 4-23　调整"圆形木板"图片的大小及位置

（5）将圆形木板图层拖动到图层面板中的▣按钮，复制图层，向上移动 15 像素，单击图层面板中⬤下拉按钮添加调整图层，选择"亮度 / 对比度"选项，按住 Alt 键置于两个图层之间，当鼠标指针出现向下的箭头形状时单击，创建剪贴蒙版。双击调整图层，调整亮度为 53，制作圆形桌面效果，如图 4-24 所示。

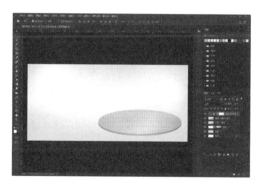

图 4-24　制作圆形桌面效果

（6）打开本任务配套素材中的"茶壶茶杯"图片，将"茶壶茶杯"图片拖动到"制作茶叶广告"文件中，调整"茶壶茶杯"图片的大小及位置，双击图层添加图层样式，勾选"投影"复选框，设置投影样式参数，单击"确定"按钮，效果如图 4-25 所示。

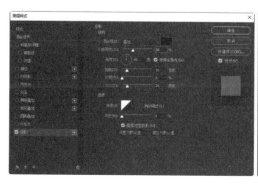

图 4-25　给"茶壶茶杯"添加阴影样式后的效果

（7）新建图层，将图层调整到茶壶茶杯图层下方，亮度 / 对比度图层上方。设置前景色为 RGB（180,125,58），选择工具箱中的画笔工具，在"茶壶茶杯"下方绘制阴影，绘制完成后，设置图层混合模式为"正片叠底"，不透明度为"61%"，按住 Alt 键，将鼠标指针置于该图层与亮度 / 对比度图层之间，当鼠标指针出现向下的箭头形状时单击，创建剪贴蒙版，效果如图 4-26 所示。

图 4-26  创建剪贴蒙版

（8）打开本任务配套素材中的"插画群山"图片，将"插画群山"图片拖动到"制作茶叶广告"文件中，调整"插画群山"图片的大小及位置，将该图层放在背景图层上方。单击图层面板中的 ⬛ 按钮，添加图层蒙版，选中图层蒙版缩览图，将前景色调整为黑色，选择工具箱中的渐变工具 ▤，在属性栏中选择渐变模式，如图 4-27 所示，单击"线性渐变"按钮，绘制渐变颜色，使背景呈现出由上至下的透明效果，如图 4-28 所示。

图 4-27  选择渐变模式（1）

图 4-28  "插画群山"渐变透明效果

（9）打开本任务配套素材中的"插画山"图片，将"插画山"图片拖动到"制作茶叶广告"文件中，调整"插画山"图片的大小及位置，将该图层放在背景图层上方。单击图层面板中的 ⬛ 按钮，添加图层蒙版，选中图层蒙版缩览图，将前景色调整为黑色，选择工具箱中的渐变工具 ▤，在属性栏中选择渐变模式（见图 4-27），单击"线性渐变"按钮，绘制渐变颜色，将"插画山"融入背景中，复制两个插画山图层，使画面的视觉效果更加丰富，如图 4-29 所示。

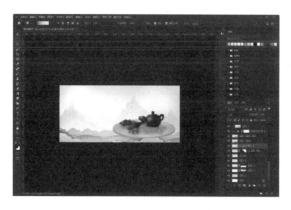

图 4-29　添加"插画山"后的效果

（10）使用钢笔工具绘制烟雾闭合路径，绘制完成后在路径上右击，在弹出的快捷菜单中选择"建立选区"命令，设置前景色为 RGB（249,238,217），新建图层，将前景色填充到选区中，双击该图层，添加图层样式"描边"，设置其参数，单击"确定"按钮，效果如图 4-30 所示，复制两次烟雾，调整大小及位置，增添画面的氛围。

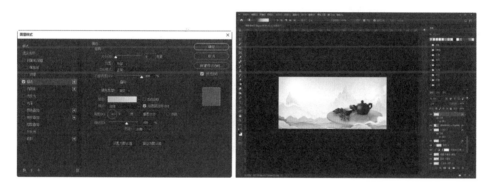

图 4-30　使用钢笔工具绘制烟雾效果

（11）右下角的烟雾不够明显，可以为其添加一个渐变图层增加暗角，使烟雾更加明显。设置前景色为 RGB（203,224,158），选择工具箱中的渐变工具，在工具栏中选择渐变模式，如图 4-31 所示，单击"线性渐变"按钮，绘制渐变颜色，绘制完成后设置图层混合模式为"正片叠底"，效果如图 4-32 所示。

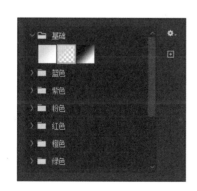

图 4-31　选择渐变模式（2）

图 4-32　增加暗角后的效果

（12）选择工具箱中的横排文字工具 T，输入标题文字"春茶上新啦"，将标题文字调整到合适的大小，设置标题文字的颜色为 RGB（67,154,110），双击该图层，添加图层样式"斜面和浮雕"、"描边"与"渐变叠加"，设置如图 4-33 所示的参数，效果如图 4-34 所示。

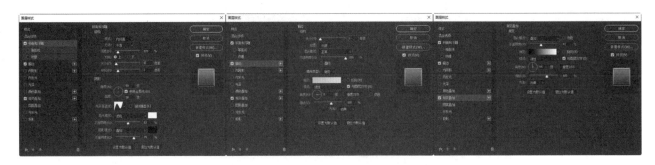

图 4-33　设置斜面和浮雕样式、描边样式与渐变叠加样式参数（1）

图 4-34　添加标题文字后的效果

（13）选择工具箱中的横排文字工具 T，输入标题文字的拼音"chun cha shang xin la"，将标题文字的拼音调整到合适的大小，设置标题文字拼音的颜色为 RGB（210,167,90），标题文字的拼音作为装饰性元素能够丰富文字的排版效果，如图 4-35 所示。

图 4-35　添加标题文字拼音后的效果

（14）使用钢笔工具绘制路径形状，绘制完成后，在路径上右击，在弹出的快捷菜单中选择"建立选区"命令，即可创建选区，设置前景色为 RGB（84,171,135），新建图层，使用前景色填充选区。将该图层拖动到图层面板的▣按钮，复制副本图层，设置颜色为 RGB（241,219,190），双击该副本图层添加图层样式"斜面和浮雕"、"描边"与"渐变叠加"，设置其参数，如图 4-36 所示。按住 Alt 键将该副本图层的图层样式拖动到原图层上，复制图层样式。选择工具箱中的横排文字工具▣，输入文字"品味人生"与"享受生活"，作为二级标题。这样，茶叶广告就制作完了，最终效果如图 4-37 所示。

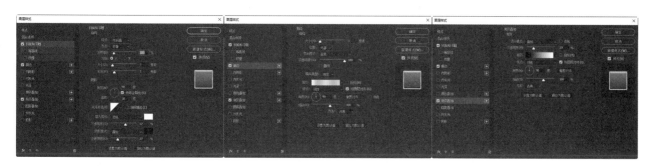

图 4-36　设置斜面和浮雕样式、描边样式与渐变叠加样式参数（2）

图 4-37　制作完成后的茶叶广告效果

# 课后训练 4

1．直方图面板与信息面板的作用分别是什么？

2．颜色面板与色板面板一样吗？

3．样式面板与图层样式的相同和异同分别是什么？它们的操作方法有何异同？

4．历史记录面板的作用是什么？默认记录的操作步骤个数是多少？如何更改默认的步骤个数？

5．图层面板与蒙版的区别是什么？它们的操作一样吗？

6．动作面板的作用是什么？如何录制和运行动作？

# 项目 5
# 平面与美学艺术

项目要点

◆ 了解平面构成及点、线、面的运用。

◆ 了解画面的分割及平衡。

◆ 了解色彩的构成。

思政要求

◆ 培养认真严谨、精益求精、力争完美的工匠精神。

◆ 发挥职业优势，弘扬真善美的社会使命感与责任感。

美术设计不仅要求人们对美术的感知，也要求对于计算机的熟练操作程度。随着人工智能的发展，美术设计将离不开计算机。计算机就是美术设计的纸和笔，是进行美术设计的一个非常好的工具。

美术设计的基础是构成学，其中，"形的塑造"主要包括"平面"、"立体"和"色彩"。

# 任务 1　平面构成

传统意义上的美术属于绘画的范畴，如装饰、写生、变形等。近年来，随着数字媒体技术和 5G 的发展，互联网文化冲击着传统美术，对应用美术的影响也很大。随着人们生活空间的扩大、生活品质的提高，应用美术所涉及的范围越来越广、门类也越分越细，各门类之间相互渗透、相互联系。

在应用美术中，涉及平面造型的场景有很多，而 Photoshop 研究的就是平面造型。生活中完全以平面方式来完成的设计有平面媒体的广告设计、会展中的各种支架广告设计、书籍装帧设计、纺织品面料图案设计、建筑装饰材料设计等。即使是一些以立体造型为主要形式的产品设计、包装设计、展示设计、POP 广告设计等，也要考虑展示面的处理、平面图形的利用、表面图形的利用、表面装饰效果等平面相关的内容。由此可见，平面造型在整个应用美术领域具有广泛的应用价值，因此，研究平面造型是学习应用美术设计首要的课题。

平面构成的主要元素是点、线、面。在进行平面构成之前，要明确其概念，了解其特性，找出各种构成规律，这样一旦应用到实践中就会变得容易很多。

人们通常在概念中把小的单位形象地称为"点"。所谓的"小"是相比较而言的。相同大小的形状在不同大小的环境中，会呈现不同的特性。"点"在小环境中可被看成一个"面"。就像人在辽阔的大海中会感觉自己很渺小，地球在宇宙中也不过是一个渺小的点，这些都会让我们联想到，即使是再大的形状，由于它所处的环境和条件的不同，也会产生"点"的感觉。因此一个形状被称为点，不是由它自身的大小决定的，而是与周围环境相比较而言的。在分析一个形状是否有点的特性时，应根据它们各自所处的环境情况来判断。

## 一、点的构成

几何学规定点只有位置，没有大小。但从平面构成的造型意义上来讲，却有其不同的含义。点必须有其形状存在，即能够可视。因此，点是具有空间位置的视觉单位。点没有一个限定的形状标准，形成点的因素与形状无关，而只与大小、空间有关。点的形状各式各样，可以是圆形、方形、三角形、多边形、规则形、不规则形等，如图5-1所示。最理想的点是圆形的。

图 5-1　点的形状

### 1. 点的视觉及心理反应

在实际的运用中，点出现在画面上的具体情况不同，给人在视觉及心理上的反应也不一样。当画面上只有一个点时，视线会全部集中在该点上，而在实际应用中，这对突出或强调某一个部分的视觉效果会起到很好的作用，如图5-2所示。如果把图5-2中的这个点换成具体的文字或标志，则试一试它的视觉反应。

当两个点同时出现在一个画面时，如图5-3所示，一种情况是大小相同的两点，视线首先会从其中的一点开始，然后移向另外一点，最后在两点之间来回反复移动。这对于在应用中想突出某一内容，同样具有实际意义，它可以使相同的内容反复出现，以达到强调的目的。另外一种情况就是大小不同的两点，视线首先放在大点上，然后移向小点。这对在画面上直接强调某一内容，并用次要的内容进行补充说明，具有很好的使用价值。

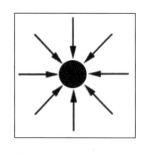 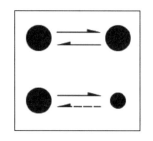

图 5-2　点的视觉反应　　　　　图 5-3　点的对比和强调

当一个画面上有 3 个或 3 个以上的点同时存在时，就可能感觉这些点构成一个虚面。点越多，其周围的间隔就越短，"面"的感觉就会越强，这对把握画面的整体效果和统一画面十分重要，如图 5-4 所示。

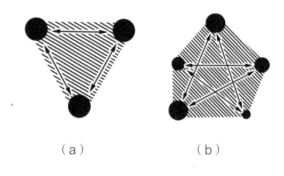

（a）　　　　　　　　（b）

图 5-4　点构成的虚面

点的外形不同，给人的视觉与心理的反应也不一样。一个外形凸起的点，其视觉力量也随凸起的方向向外扩张，凸起的部位越大，向外扩张的力量也就越大；相反，一个外形向内凹陷的点，其视觉力量也随凹陷的方向向内收缩，有受到外力压迫的感觉。外形凸起和凹陷的点的视觉力量如图 5-5 所示。

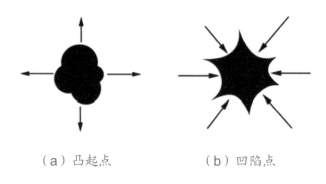

（a）凸起点　　　　　　　（b）凹陷点

图 5-5　点具有的视觉力量

## 2. 点的构成

点的构成是指点在造型中的运用。点可以直接用来构成图形或画面，也可以用其他类似点的内容作为间接的点的构成，如图形、文字等。点的构成可以分为点的不连接构成和点的连接构成两类。

点的不连接构成可以分为点的等间隔不连接构成和点的有计划间隔构成。

等间隔不连接构成是点与点的中心保持一段相同距离的构成，给人们产生的视觉效果是一种有规律性的美感，如图 5-6（a）所示。但这种结构如果使用不当，有时会感觉缺少个性，也不适合表现强烈印象的画面，容易引起画面呆板。如果想要在等间隔且产生独特视觉效果的构成中挽回趋于呆板的画面，则可以将点与点的中心保持相等的距离，而对点的形状进行有计划的变化，由中心的正圆转化为向四周变化为弧度越来越小的圆，从而产生一种有条理而富有空间变化的秩序美，如图 5-6（b）所示。

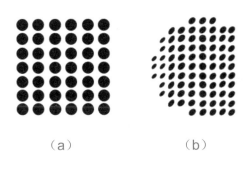

（a）　　　　　　　　（b）

图 5-6　点的等间隔不连接构成

点的位置如果是等间隔，无论对点的形状进行多大变化，其表现力还是有限的。如果再加上点的位置变化，则视觉感受将比之前丰富得多。

有计划间隔构成是点的构成在应用设计中用得最多、最有魅力的构成方法，而且它的应用方式也有很多。点的有计划间隔构成是点的位置按照一定的规律进行变化，点与点之间进行递增或递减的距离渐变，这种渐变可以按照一定的方向或改变方向来完成，其具体变化方法可从以下几方面考虑，可以是在一个方向上变化，也可以是在两个方向上变化，甚至是四个方向上都有变化，方向还可以不限于水平或垂直，可以是斜向或放射状变化等。除此之外，如果再加上形状和大小的变化，将产生意想不到的效果。图 5-7 是点的有计划间隔构成的一个基本形式，这是在两个方向上的点的有计划间隔构成。这个基本形式给大家提供一个进行有计划间隔构成的依据。

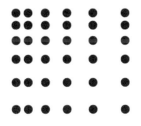

图 5-7　点的有计划间隔构成的一个基本形式

点的连接构成可以分为点的等间隔连接构成、点的不等间隔连接构成和点的重叠构成。

点的等间隔连接构成是点与点的中心保持相同的距离并使点产生连接的构成。由于有等间距和连接的双重限制，其构成难度加大，很难产生变化，在构成时必须考虑在连接方向和方式上做变化。图 5-8 所示为点的等间隔连接构成，这种形式具有秩序美，应该避免产生单调、乏味的感觉。

点的不等间隔连接构成实际上是加上点的大小变化的连接构成，如果再加上方向等其他变化，则会得到不规则的连接构成，如图 5-9 所示。这种构成能产生强烈刺激的视觉效果。

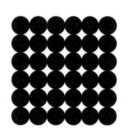 

图 5-8　点的等间隔连接构成　　　　　　图 5-9　点的不等间隔连接构成

点的重叠构成有合叠、盖叠和透叠 3 种方式，被 3 种不同方式，会产生完全不同的视觉效果，如图 5-10 所示。合叠所产生的效果是平面的，依据点集中的情况不同，有时会强调出"线"的感觉，有时会强调出"面"的感觉；盖叠能够表现出远近感或深度感，如果在各点上再加上适当的明暗变化，则三次元面的感觉更强烈；透叠虽然三次元面的表现感弱，但是透明的质感加强，产生另一种魅力。

点也可以自由构成，点的自由构成是通过点的大小和疏密变化形成一种富有动感的画面。它不受任何条件限制和约束，是根据设计的经验和感觉来进行的构成，如图 5-11 所示。这种构成可随意创作出无限的画面效果，表面看起来简单，然而，要创作出富有创意的优秀作品，其实很难，稍有疏忽就会出现无个性、平淡、一般的作品。

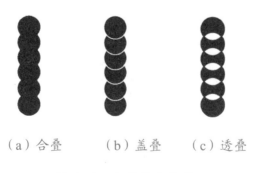

（a）合叠　　　（b）盖叠　　　（c）透叠

图 5-10　点的重叠构成

图 5-11　点的自由构成

总体来说，点的自由构成除了要注意疏密变化、方向上的统一或方向上的变化，还要考虑点的大小变化、形状的变化等技法的运用，追求更富有动感、韵律、空间感的表现手法。

## 二、线的构成

欧氏几何学将线定义为：线是点移动的轨迹，只有位置和长度。在造型艺术上，为了使线可见，线除了有位置和长度，还必须有宽度。不同宽度的线，给人在视觉上的感觉是不同的。如果再加上线的位置、长度、线形和方向上的变化，将给造型设计提供无穷无尽的变化。线比点具有更丰富的变化，如果想要全面有效地利用线，则必须进行全面、系统的了解。

### 1. 线的粗细与性格

一般来说，一条线的变化先是长短尺寸，而作为造型要素来看，线的宽度值得探讨。线有不同的宽度，由于宽度不同，其体现的性格特征也大不一样。粗线具有强有力的感觉，但缺少线特有的敏锐感；细线具有锐利、敏感、神经质和快速度的感觉。加粗的线、加粗再变细的线、变细再加粗的线，以及粗细不断变化的线，其感觉变化就更加复杂。但最强烈的感觉是在空间性格上的变化，从粗细一致的线来看，在粗线和细线的前面，如果再加上线的长短变化以符合透视规律，那么就能表现出更强烈的空间感。图 5-12 所示为利用线的粗细变化形成的空间感。

图 5-12　利用线的粗细变化形成的空间感

### 2. 线的种类与性格

运用于设计中的线的种类有很多，如果加以分类，则具有几何直线、几何曲线、有机曲线和徒手曲线 4 种基本类型。

- 几何直线：具有简单、明确、直率、柔美、优雅的性格。

- 几何曲线：由于是用机械的方法完成的，所以具有单纯、明快的性格。

- 有机曲线：有机曲线最具有曲线的性格，具有自由、浪漫的女性性格。

● 徒手曲线：徒手曲线的性格与几何曲线的性格刚好相反，具有不明确、无秩序的感觉。如果运用得好，则能体现出浓郁的人情味。在绘制徒手曲线时使用不同的工具，还可以表现出极富个性的线条感。

### 3. 线的构成

线在构成上分为线的不连接构成和线的连接构成。其中，线的不连接构成分为线的等间隔构成和线的有计划间隔构成。图 5-13 所示为线的等间隔构成，在有秩序的美感中，会显得有些单调、乏味，可以适当运用错位、粗细变化和长短变化等来加强画面的生动感。图 5-14 所示为运用错位的方式表现线的等间隔构成。由于错位的变化，使画面呈现出丰富的层次和空间感。但运用错位的方式，线必须具有一定的宽度，方能体现出错位的效果。

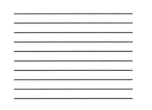

图 5-13　线的等间隔构成　　　图 5-14　运用错位的方式表现线的等间距构成

线的有计划间隔构成打破了等间隔构成的呆板、无味。由于有计划变化间隔，将会对线的不连接构成带来无穷的变化。图 5-15 所示为线的有计划间隔构成，加上间隔的长短变化，形成体积感和层次感。

直线的连接构成分为线的端点连接和圆线的连接两种。其中，线的端点连接分为开放式连接、闭合式连接和发射式连接 3 种。圆线的连接构成分为大圆包小圆的内接和圆与圆并列的外接两种。图 5-16 所示为直线在方向和形状上做了变化的构成，给人以强烈的动感、韵律感和立体层次感。

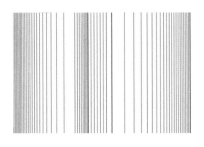

图 5-15　线的有计划间隔构成　　　图 5-16　直线在方向和形状上做了变化的构成

## 三、面的构成

依照几何学的定义，面是线移动的轨迹，强调的是面形成的方式。在造型艺术中，重要的是面的形状及面的形成过程。面的产生可以通过这几种方式来完成：点和线的密集，可以形成虚面；点和线的扩展也可以形成面，面的分割、面与面的合成、反转也可以形成面。

### 1. 面的种类与性格

造型上的面的种类也就是面形状的种类。运用于造型上的所有面形，不管是由哪种方式产生的，也不管它有多么复杂，不外乎以下 4 类：几何形、有机形、自由形和不规则形。

几何形是凭借绘图仪器或数理方法完成的最规范的形状。基本的几何形有三角形、四边形、圆形和椭圆形，一般由直线和几何曲线构成。图 5-17 所示为几何形。几何形具有明快、理性的性格，但是，在同一个构成中用得过多、过于繁杂，也可能失去其特有的性格。

有机形是靠自然的外力而形成的自然形，如叶子、花瓣、鹅卵石等都是有机形。图 5-18 所示为有机形，有机形的特点是自然、流畅、淳朴而柔和，具有秩序性美感。

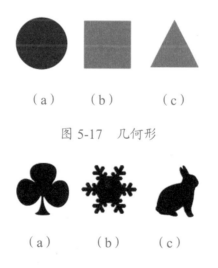

（a）　　（b）　　（c）

图 5-17　几何形

（a）　　　（b）　　　（c）

图 5-18　有机形

自由形是由几何形与有机形结合而成的，兼有两者的优点，既简单、明快又不失自然、亲切，如图 5-19 所示。

（a）　　（b）　　（c）

图 5-19　自由形

不规则形是不受任何限制、不具任何规律性的造型。它分为两种，一种是有意识的不规则形，如手撕纸张、刀割的形状，虽然没有规律，但它是人为制造的，能反映作者的目的、个性与情感；另一种是无意识的不规则形，即偶然产生的形，如泼的墨水痕迹、被打碎的玻璃片。不规则形可以按照一定的计划来完成，并且可以控制其完成的程度，直至把作者的感情表现出来，符合作者的要求为止。不规则形与几何形的性格完全相反，不具备秩序美和机械感，如图 5-20 所示。

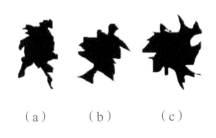

（a） （b） （c）

图 5-20 不规则形

### 2. 面的图与地

任何形都是由图与地两部分组成的。要使人感到形的存在，必须有地衬托。在平面造型中，形通常被称为图，而周围的空白之处被称为地。图具有明确、紧张、密度高、前进感及醒目等特点，而地则具有密度低、不明确、后退感的特点。

在人们的习惯里，一般小的形态与大的形态比较，小的被视为图。封闭的图与开放的图比较，封闭的往往被视为图。地与图比较，地具有使图显现出来的陪衬作用。这些都是相对而言的，图与地常常是相辅相成，可以互换的，如图 5-21 所示。在面的构成中，必须注意图与地的关系，它影响着构成后的美感效果。

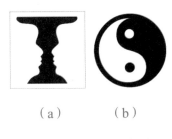

（a） （b）

图 5-21 面的图与地

# 任务 2 画面分割与平衡原理

二维空间构成基本上是靠分割来完成的。面是分割构成研究和探讨的重要对象。分割可以产生比例和秩序，可以改变原有物体的内在联系和外部关系，即整体与局部、局部与局部的关系，是形成设计的严谨性、整体性、和谐性、运动性与美感的重要因素。面的分割还包括面的形态组织、排列，以及人们的审美感知。其中，形与形的分割，形与空间的分割是非常重要的，它是寻求构成中形态之间相互和谐、稳定、对比、呼应的关键因素。成功的分割可以赋予平面新的生机，合理的、感性的分割能使二维空间产生丰富、和谐的美感，这就形成了平面诸多形态的整体构成。

## 一、画面分割

在分割构成的画面中，无论是有形的分割还是无形的分割，分割的方式都是极其重要的。为了系统研究画面的分割构成，我们把分割构成分为等分割、黄金分割、比例分割、自由分割。

### 1. 等分割

等分割是把画面分割成完全相等的几部分的分割，在印刷编排设计中应用得最多，且在广告等其他平面设计中都有应用价值，如图 5-22 所示。

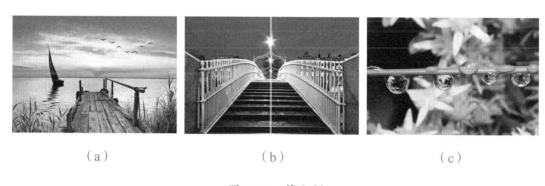

（a）　　　　　　　（b）　　　　　　　（c）

图 5-22　等分割

在进行等分割构成时，等分数量也很重要。一般说来，在内容允许的情况下，少者为好。一旦超过一定数量，将失去等分割的效果和意义。

从实际的应用来看，一般二等分割运用得最多。为了增加二等分割运用的变化，可对画面中心点进行对称的二等分割变形，如图 5-23 所示。

图 5-23　对画面中心点进行对称的二等分割

图 5-24　利用黄金比例分割的图像

### 2. 黄金分割

黄金分割是利用黄金比例进行的分割，黄金分割比例数为 1 ∶ 1.618。利用黄金分割进行分割的画面，能呈现出平面空间的均衡感、协调感。古希腊哲学家用几何学方法发现的黄金比例，被公认为是最美的比例形式，至今已被广泛应用。图 5-24 所示为利用黄金比例分割的图像。

### 3. 比例分割

比例分割是利用分割的比例关系来追求画面的一种秩序变化的分割。比例分割按照比例关系的不同分为等比数分割、等差数分割、调和数分割、斐波那契数分割。

等比数分割：使分割的部分都按公比数成倍递增、递减，即每一部分的数值都是其前一部分乘以一个相同的数目来进行分割的。例如，以 2 为公比，分割画面的每一部分数值分别为 1、2、4、8、16、32、64、128……

等差数分割：分割画面的每一部分都相差一个公差数，即每一部分的数值都是在前一部分的基础上加上一个相同的数目进行分割的。例如，以 1 为公差，分割画面的每一部分数值分别为 1、2、3、4、5、6……

调和数分割：数值变化极其自然的一种数列。分割画面的每一部分数值分别是 1、1/2、1/3、1/4、1/5、1/6……

斐波那契数分割：每一部分的数值都是按前两部分数值之和来进行分割的。这种比例分割一般不单独在一个画面使用，都是作为某个部分使用的，因为分的次数太少不能体现出规律，反而无序，分的次数太多又显得凌乱或更为呆板。斐波那契数常用的分割效果如图 5-25 所示。

图 5-25　斐波那契数常用的分割效果

### 4．自由分割

自由分割是在规则分割的基础上，添加了画面自由构成的因素。自由分割并不是随意分割，最终还是要看出规则分割的影子，否则就不会给人以美感。

## 二、平面的平衡原理

对于画面的平衡，可以"变化统一"，就是在强调变化的过程中，必须考虑画面统一的问题，否则就会使画面杂乱无章。变化统一的规律具体表现在以下几点。

### 1．绝对平衡

绝对平衡是构成画面的各部分在上下或左右等方向上完全相同的对称式平衡。它包括平行移动的对称构成、旋转对称、镜面对称、扩散对称等，如图 5-26 所示。

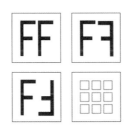

图 5-26　绝对平衡

对于绝对平衡的使用切记不能繁杂，要多留空间让人思考，否则给人以呆俗之感。图 5-27 所示为运用绝对平衡的实例。

（a）　　　　　　　　　　（b）

图 5-27　运用绝对平衡的实例

### 2．位置平衡

位置平衡是指构成画面各部分的大小、形象、色度等方面都相同时，通过改变画面各部分的位置，使画面达到一种平衡的效果，就像用秤来称重量一样。一般来说，画面中面积大的形、色度深或饱和度高的形，视觉力量较重，应距画面的中心点近；相反，画面中面积小的形、色度浅或饱和度低的形，视觉力量较轻，应距画面中心点远一些。这样才能使整个画面的构成达到平衡。图 5-28 所示为运用位置平衡的实例。

### 3. 大小平衡

大小平衡的原理与位置平衡的原理相同，只是它调整画面平衡的着眼点是构成画面的形的面积大小。图 5-29 所示为运用大小平衡的实例。

图 5-28　运用位置平衡的实例　　　　　　图 5-29　运用大小平衡的实例

### 4. 色度平衡

色度平衡是指构成画面各部分形的大小、位置都相同时，对各部分的色度进行调整后，使画面达到平衡效果。需要注意的是，这里的色度除了包括明暗程度，还包括色彩的饱和度。除了构成画面的大小、色度和位置对画面的平衡起作用，形的肌理、形的方向、形的完整与否等对画面平衡影响也不小。图 5-30 所示为运用色度平衡的实例。

### 5. 对比平衡

对比平衡是指在构成画面的各部分之间、在质和量等多方面相互差异甚大的构图形式。通过对比平衡，画面各部分的特点会显得更加强烈和鲜明，能够突出画面的主题。对比平衡包括形的对比、质地的对比、色彩的对比。

- 形的对比：大小、方圆、长短等对立因素的对比。

- 质地的对比：粗细、软硬、疏密等对立因素的对比。

- 色彩的对比：黑白、浓淡、鲜浊等对立因素的对比。图 5-31 所示为运用色彩对比的实例。

图 5-30　运用色度平衡的实例　　　　　　图 5-31　运用色彩对比的实例

# 任务 3    色彩构成

我们生活在一个色彩缤纷的世界，虽然人们都喜欢各种色彩，但是对色彩并没有深入的了解。因此学习计算机美术设计，我们不但要知道色彩的物理特性，还要知道色彩的心理规律。

## 一、色彩的种类与属性

### （一）色彩的种类

在千变万化的色彩世界中，人们视觉感受到的色彩非常丰富，而这些丰富多样的色彩是由无彩色系和有彩色系两大类组成的。

#### 1. 无彩色系

黑色、白色及黑白两色相混的各种深浅不同的灰色系列合称为无彩色系，如图 5-32 所示。从物理学角度来看，它不包括在可见光谱之中，故不能称为色彩。但是从视觉生理学、心理学角度来看，它有完整的色彩性，应该包括在色彩体系之中。由白渐变到浅灰、中灰、深灰直到黑色，色度学上称为黑白系列。黑白系列是用一条垂直轴表示的，一端是白色，另一端是黑色，中间是各种过渡的灰色。无彩色系里没有色相与饱和度，也就是说其色相、饱和度都等于零，而只有亮度上的变化。作为无彩色系中的黑色与白色，由于只有亮度差别而没有色度差别，故又被称为极色。

图 5-32    无彩色系

#### 2. 有彩色系

有彩色系包括在可见光谱中的全部色彩，如图 5-33 所示。它以红、橙、黄、绿、青、蓝、紫为基本色，基本色之间不同量的混合产生千千万万个色彩系列。有彩色系中的任何一种色彩都具有 3 个属性：亮度、色相、饱和度。换句话说，一种色彩只要具有 3 个属性，就属于有彩色系。

图 5-33    有彩色系

### （二）色彩的 3 个属性

只要有一个色彩出现，这一个色彩就同时具有 3 个属性。色彩明暗的程度被称为亮度；区别色彩相貌的被称为色相；色彩的鲜浊程度被称为饱和度。

亮度、色相、饱和度在色彩学上又被称为色彩的三要素。熟悉和掌握色彩中的 3 个属性，对于认识色彩、表现色彩、创造色彩是极为重要的。色彩 3 个属性的关系是三位一体的，互为共生的关系，任何一个要素改变都将影响色彩的面貌。可以说，色彩的 3 个属性在具体应用中是同时存在、不可分割的一体，因此，必须同时加以考虑。色彩 3 个属性的具体特性如下。

## 1. 亮度

无论在 Photoshop 中，还是在传统美术中，色彩亮度都被称为亮度。色彩的亮度是指它的明暗程度，又被称为光度、深浅度。从光、色的性质和关系来看，色彩亮度的强弱是由于色光波中振幅的大小不同产生的。色彩亮度的形成有两种情况：一种是同一种色相的亮度因光源的强弱变化而产生不同的变化；另一种是在光源色相同情况下，各种不同色相之间的亮度不同。

在无彩色系中，最高亮度是白色，最低亮度是黑色，在白色和黑色之间存在一系列的灰色，靠近白色的部分称为明灰色，靠近黑色的部分称为暗灰色。

在有彩色系中，最明亮的是黄色，最暗的是紫色。这是因为各个色相在可见光谱上的位置不同（波长不同），被眼睛感知的程度也不同。黄色处于可见光谱中心位置，视知觉度高，色亮度就高。紫色位于可见光谱的边缘，振幅虽宽，但因波长极短、视知觉度低，故显得很暗。黄色、紫色在有彩色系的色环中成为划分明、暗的中轴线。

一般来说，色彩的亮度变化会使饱和度减弱。任何一个有彩色，当它掺入白色时，将会提高亮度；当它掺入黑色时，将会降低亮度；当渗入灰色时，即得出相对应的亮度色。需要指出的是，三者在亮度变化的同时，也降低该色相的饱和度，其亮度变化效果如图 5-34 所示。

图 5-34　图像亮度变化效果

## 2. 色相

色相是指色彩的不同相貌，它是色彩的最大特征。色相是区分色彩的主要依据。从光、色角度来看，色相差别是由于光波波长的长短不同产生的。色彩的相貌以红、橙、黄、绿、青、蓝、紫的光谱色为基本色相，并形成一种秩序。这种秩序以色相环形式体现，称为纯色色环。在色相环中，根据纯色色相的距离分隔均等，分别可以做出 6 色相环、12 色相环、20 色相环、24 色相环、40 色相环等，其三原色色相效果如图 5-35 所示。

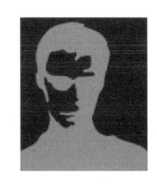

图 5-35　图像三原色色相效果

12 色相环是由现代色彩学家 Johannes Itten 设计的。12 色相环的优点是，不但 12 色相具有相同的间隔，同时 6 对补色也分别置于直径两端的对立位置上（180°直线关系上）。因此，初学者可以轻而易举地辨认出 12 色中的任何一种色相，而且可以十分清楚地知道三原色（红、黄、蓝）加上间色（橙、绿、紫）可以产生 12 色相环。

### 3. 饱和度

饱和度是指色彩的鲜浊程度，又被称为彩度、鲜艳度、含灰度等。凡有饱和度的色彩，必有相应的色相感。色彩的色相感越明确、纯净，其饱和度就越纯；反之则越灰。因此，饱和度只属于有彩色范围内的关系。饱和度取决于可见光波长的单纯程度，当波长相当混杂时，色彩只能是无饱和度的白光。在色彩中，红、橙、黄、绿、青、蓝、紫这几个基本色相的饱和度最高，黑色、白色、灰色的饱和度等于零。图 5-36 所示为图像色彩饱和度的变化效果。

图 5-36　图像色彩饱和度的变化效果

一个色相加上白色后所得到的亮色，与加上黑色所得到的暗色，都称为清色；在一个纯色相中，如果同时加入白色与黑色所得到的灰色，称为浊色。这种浊色与清色相比，亮度上一样，但饱和度上浊色比清色要灰。这是饱和度区别于亮度的因素之一。

色相的饱和度、亮度不能呈正比，饱和度高不等于亮度高，而是呈现特定的亮度。这是由有彩色视觉的生理条件决定的。按照孟塞尔色彩体系规定，色相的亮度与饱和度关系如表 5-1 所示。

表 5-1 色相的亮度与饱和度关系

| 色 相 | 亮 度 | 饱 和 度 |
|:---:|:---:|:---:|
| 红色 | 4 | 14 |
| 黄红 | 6 | 12 |
| 黄色 | 8 | 12 |
| 黄绿 | 7 | 10 |
| 绿色 | 5 | 8 |
| 蓝绿 | 5 | 6 |
| 蓝色 | 4 | 8 |
| 蓝紫 | 3 | 12 |
| 紫色 | 4 | 12 |
| 红紫 | 4 | 12 |

### （三）色调

色调是指整体色彩外观的重要特征与基本倾向。色调是由色彩的亮度、色相、饱和度三要素综合构成的，其中某种因素起主导作用，就可以称为某种色调。

从色彩的亮度来划分，色调有明色调（亮调）、暗色调（低调）、灰色调（中调）。如果要把亮度与色相结合起来，则又有对比强烈色调（包括色相强对比）、柔和色调（亮度、色相差小的色彩）、明快色调（亮度较高的类似色为主的配色）等。

从色彩的色相来划分，色调有红色调、黄色调、绿色调、蓝色调、紫色调等。从色彩的饱和度上来划分，色调有清色调、浊色调。把饱和度与亮度结合起来，色调又可以分为明清色调、中清色调、暗清色调等。从色彩的色性上来划分，色调有暖色调、冷色调、中性色调等。图 5-37 所示为实际生活中的暖色调。

色调体现了设计师的感情、趣味、意境等心理要求，更体现了设计师色彩造型能力的强弱。凡是有美好感受的设计艺术品，它的色彩无不具有一种整体的基本色调。好的色调必须用各个局部色彩及其属性关系构成一种具有有机联系的整体色调。

### （四）色体系与色模型

为了认识、研究与应用色彩，我们将千变万化的色彩按照它们各自的特性、规律和秩序排列，并加以命名，这称为色彩的体系。目前，最典型、实用的是孟塞尔色彩体系。

孟塞尔是美国的色彩学家、教育家。孟塞尔色彩体系创建于 1905 年，是由色彩 3 个属性并结合人的色彩视觉性心理因素而制定的色彩体系。经过多年的科学测试和修订完善，这种色彩表述法被人们研究得最为彻底，用得最为普遍。图 5-38 所示为孟塞尔色立体。

图 5-37　实际生活中的暖色调

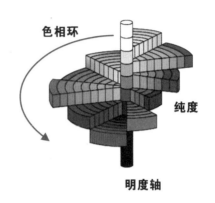

图 5-38　孟塞尔色立体

孟塞尔色相环以 5 个基本色相组成，即红（R）、黄（Y）、绿（G）、蓝（B）、紫（P），再加上中间色相黄红（YR）、黄绿（YG）、蓝绿（BG）、蓝紫（BP）、红紫（RP）构成 10 个主要色相。每一个主要色相又各自划分成 10 个等份，总共 100 多个色相记刻度。例如，红（R）以 1R、2R、…、10R 为标志，且以 5R 为主要色相的标志；PR 是蓝紫色的主要色相标志；5G 是绿色的主要色相标志。10 个主要色相又各分为 2.5、5、7.5、10 共 4 个色相编号，形成 10 个色相，其色相环的直径两端的一对色相构成互补色关系。色相是按光谱色进行顺时针方向系列排列的。

孟塞尔色立体的中心轴为黑—灰—白的明暗系列，以此作为有彩色系各色的亮度标尺，黑色为 0 级，白色为 10 级，中间为 1～9 级等分亮度的深浅灰色。由中性色黑色、白色、灰色组成的这一中心轴以 N 为标志，黑色以 B 或 BL 标志，白色以 W 为标志。白色立体中心轴到表层的横向水平线构成饱和度轴，以渐增的等间隔均分为若干饱和度等级，中心轴饱和度为 0，横向越接近纯色，饱和度越高。

孟塞尔色彩体系由色相（H）、亮度（V）、饱和度（C）来表示，色彩记号是 HV/C，如纯色相红、黄的色彩记号分别为 5R4/14、5Y8/12。由于各纯色的亮度值不同，而孟塞尔色立体中各纯色相又必须以其亮度值与中心轴亮度标尺等对应，因此色相环在孟塞尔色立体中表现为倾斜状，而并非如"赤道线"那样水平放置，各纯色相的饱和度值也高低不同，与中心轴的水平距离长短不等，如红色的饱和度是 14 级，而蓝绿色的饱和度是 8 级，这样就形成高低起伏的不规则的球体形状。

此球体通过中心轴的纵剖面展示了其基本结构与色彩 3 个属性的基本关系。因其形似树，故有时称为色树。色树展示了亮度中心轴与左右两侧的一对互为补色的色相，同一侧为同一色相的各色组成的等色相面，横向水平线上的色组为同一亮度的饱和度系列。纵向直线上的色组为同一饱和度的亮度系列。

10 个标准色相的色彩记号如下。

红色——5R4/14　　黄红——5YR6/12

黄色——5Y8/12　　黄绿——5YG7/10

绿色——5G5/8　　蓝绿——5BG5/6

蓝色——5B4/8　　蓝紫——5BP3/12

紫色——5P4/12　　红紫——5RP4/12

## 二、色彩的对比规律

人们认识事物往往是通过各类事物或某个事物各方面的比较分析来把握其本质和特征的。色彩的分类研究就是按不同的性质进行对比分类的，各类对比都有自己的独特效果，通过分类研究来理解它的共性及个性。色彩对比涉及的范围很广，且模式各异，因而还需要在进行分类研究的基础上，从多角度、多层面上来认识。

### （一）亮度对比

因色彩亮度不同而形成的色彩对比称为亮度对比。如果将同样亮度的两块灰色，分别放在白色底色和黑色底色上进行对比，则会发现被白色包围的灰色显暗，被黑色包围的灰色显亮。这种改变亮度对比条件使原来一个色看起来发生变化的现象，就是亮度对比现象。在色彩中由于亮度之间的差别不同，对比效果也不一样，如图 5-39 所示。

由于人们天天接触白天与黑夜，光明与黑暗的变化现象与规律，使人的视觉已经长期适应了这种变化，从而形成具有非常敏锐的对比感觉力。根据试验表明，同一程度亮度对比度的感觉几乎是同一程度饱和度对比的 3 倍。可见亮度对比与其他色彩相比，更具有强烈的光感和空间感。

为了使人们更方便地认识色彩亮度对比效果，我们以孟塞尔色立体为例进行分析和研究。孟塞尔色立体的亮度轴由长度均匀的白色到黑色的 11 个色阶组成，如图 5-40 所示。

图 5-39　亮度对比图片

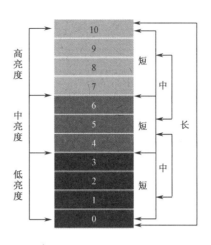

图 5-40　亮度对比示意图

我们可以将亮度轴分为 3 部分：高调、中调、低调。靠近白色的 4 级为高亮度色调；靠近黑色的 4 级为低亮度色调；中间的 3 级为中亮度色调。另外，我们还可以根据明暗对比调整亮度极差，其中，把 8 个亮度差以上的对比称为长调；把 5 个亮度差左右的亮度对比称为中调；把 3 个亮度差以内的亮度对比称为短调。具体说明如下。

高调：高调是 7～10 级内的组合，具有高贵、辉煌、轻柔、轻松、愉快之感。

中调：中调是 4～6 级内的组合，具有柔和、含蓄、稳重、明确之感。

低调：低调是 0～3 级内的组合，具有朴素、迟钝、稳重、雄大、寂寞、沉闷、压抑之感。

长调：长调对比差大（0∶10），效果是光感强、强硬、醒目、锐利、形象清晰。

中调：中调对比差适中（0∶5），效果是光感适中、视觉适中、视觉感觉舒适、平静而没有生气。

短调：短调对比差小（0∶1、0∶2、0∶3），效果是光感弱、模糊、梦幻、晦暗、形象不清晰。

高长调：高长调以高调区域的色彩为主调，采用小面积的低调色与之对比，形成调强对比效果。由于反差大、对比强，因此其形象清晰度高。高色调的效果及特征是清晰、明快、活泼，并具有一定的刺激性。

高短调：高短调以高调区域的色彩为主调，采用与之稍有变化的色彩进行对比，形成调弱对比效果，由于反差弱，因此其形象清晰度低。高色调的效果及特征是轻柔、优雅。在设计中，高短调常被认为是富有女性感的色调。

中长调：中长调以中调区域的色彩为主调，采用小面积的高调色与低调色与之对比，形成中调强对比效果。中长调的效果及特征是中亮度色调，丰富、充实、强壮、有力。在设计中，中长调常被认为是富有男性感的色调。

中短调：中短调以中调区域的色彩为主调，采用小面积的高调色与之对比，形成低调强对比效果。中短调的效果及特征是中亮度色调，含蓄、朦胧，犹如薄雾一般，同时形象的清晰度较低。

低长调：低长调以低调区域的色彩为主调，采用小面积的高调色与之对比，形成低调强对比效果。低长调的效果及特征是反差大、刺激性强，具有一种爆发性的感动力。与高长调相比，低长调又显得压抑、深沉得多，具有一种不安定的苦闷感。

低短调：低短调以低调区域的色彩为主调，采用与之接近的低调色进行对比，形成低调弱对比效果。低短调的效果及特征是暗色调，反差极弱，接近黑夜的色调，所以显得低沉、忧郁，甚至具有一种可怕的寂静感。

从以上亮度对比分析可以看出，明暗之间不同亮度的对比能够形成很强的空间感、光感和丰富的色彩感。同时亮度对比又是配色中能否达到明快感、视觉清晰度高的关键。

## （二）色相对比

因色相的差别而形成的色彩对比称为色相对比。如果将同样一个橙色分别放到红色底色上和黄色底色上，则红色底色上的橙色看起来带"黄味"，黄色底色上的橙色看起来带"红味"，原光相同的橙色在不同底色上看上去有了差别和变化，这种对比现象就是色相对比，如图 5-41 所示。

产生色相对比现象的原因是基于同时对比性错觉。当人们看到某种色彩时，视觉神经因刺激而会产生疲劳，为了消除疲劳，视觉神经会自动诱出所看到色彩里的补色，以调节刺激的偏移作用。当人们看到被红色包围的橙色时，也看到强烈的红色，眼睛能自动诱出红色的心理补色——蓝绿色，以调节看到红色而产生的刺激偏移，而当蓝绿色和橙色感觉相重叠时，就会感觉到橙色带有黄色。

在研究分析色彩中的色相对比的强弱关系及对比效果时，一般是以色相环中各色的间隔为依据。换句话来说，色彩中色相对比的强弱关系取决于色相在色相环上的位置。色相环上的任何色彩都可以作为主色，分别组成同种色相对比、邻接色相对比、类似色相对比、中差色相对比、对比色相对比、互补色相对比、全色相环色相对比关系，并以此形成不同程度的强弱对比关系和不同的视觉感受，如图 5-42 所示。

图 5-41　色相对比图片

图 5-42　色相对比

**1. 同种色相对比**

同种色相对比是色相的不同亮度与不同饱和度的比较。这种色相对比效果主要依靠亮度来支撑对比差别，给人的视觉感受是视感受弱、呆板、单调、平淡，但色调感极强，表现为一种静态的、朴素含蓄和稳重的色彩美感，如图 5-43 所示。

**2. 邻近色相对比**

色相环上相邻的 3、4 色（相距 30°左右）的对比关系属于邻近色相对比关系，也有人称为同类色相对比关系。处于这种关系下的色相，色彩单纯，对比差小，效果和谐、柔和、文雅、素净，但容易单调、平淡无力。因此，设计时必须调节亮度来提高效果，如图 5-44 所示。

图 5-43　同种色相对比

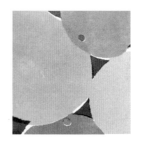

图 5-44　邻近色相对比

**3. 类似色相对比**

色相环上相距 30°～ 60°的对比关系属于类似色相对比关系。它们之间的对比关系虽形成色相弱对比效果，但较前述两种对比有了明显的加强。色彩设计采用这种对比关系，效果较丰富、活泼，因为它既有色彩的变化，对眼睛又有适中的刺激度，色相上具有统一感。类似色相对比能弥补同种色相对比、邻近色相对比的不足，又能保持统一、和谐、单纯、雅致、柔和、耐看等特点，如图 5-45 所示。

将上述 3 种色相对比应用在设计中，均能保持较明显的色相倾向与统一的色相情感特点，优点是统一协调、优美柔和及简朴素雅。但由于它们之间具有较强的共同因素，对比较弱，容易产生同化作用。在视觉面积相同的情况下，其观感均较模糊，容易造成平淡单调、缺乏精神和力量。在远视色调时，其效果鲜明、醒目，易见调性明确，感情个性明确有力，这些都属于色彩中色相对比差小的弱对比。

### 4. 中差色相对比

色相环中相距 90°左右的色彩对比是介于色相对比强、弱之间的中等差别的对比，称为中差色相对比。这种组合具有鲜明、热情、饱满的特点，使人兴奋、感兴趣。

### 5. 对比色相对比

色相环上相距 120°～150°的对比关系属于对比色相对比关系，可以形成色相较强的对比效果，如图 5-46 所示。采用对比色相对比关系是由于它们各自色相感鲜明，对比效果强烈、醒目、丰富，容易达到强烈、兴奋的效果。但是相对来说，这些鲜明的色彩个性容易使色调不统一、杂乱、刺激，造成视觉疲劳，有时也不容易具有色相的主色调，远视色调效果也差。在设计时，要注意控制各自的色量及调和关系，使之在对比之中统一起来。

图 5-45　类似色相对比

图 5-46　对比色相对比

### 6. 互补色相对比

色相环上相距 180°的对比关系属于互补色相对比关系，可以形成色相最强对比效果，如图 5-47 所示。互补色相对比的效果响亮、强烈、活跃、炫目，富有刺激感和感召力。同时，互补色相对比能够满足心理补色的需要，具有视觉生理与心理的平衡条件。其缺点是显得不安定、不含蓄，过分刺激会使人的视觉产生炫目的色彩感觉。如果处理不好，则会表现出一种原始的、粗俗的、单调的、不安定的、不协调的刺激效果。因此，在设计时，应该发扬其优点，避免其缺点，以获得强烈而优美的色彩。

图 5-47　互补色相对比

从另一角度来说，互补色双方色彩组成奇异的一对，既互相对立，又互相满足。它们把充实、圆满表现为对立面的平衡。当它们同时对比时，相互能使对方达到最大的鲜亮度，当它们互相混合时，就如同水与火那样互相消灭，变成一种灰黑色。

在色相对比中，不同的补色对都有独自的特点，它们在整体中充分地显示出个别的力量，形成一种对立倾向的综合效果。下面以 3 对基本补色关系为准，了解一下不同补色关系的不同特点。

黄与紫：这对互补色不仅色相鲜明，而且具有强烈的明暗对比关系，因此对比明快，刺激性强，形象的清晰度高。

橙与蓝：这对互补色具有很强的冷暖感，因此对色环中心有一种直接性的影响，又具有相对的前进感、后退感、膨胀感、收缩感。这种内在张力赋予这对互补色强烈的表现效果。

红与绿：这对互补色在亮度上相差无几，因此加强了红色和绿色的表现力，给视觉与心理上同时造成一种强刺激效果。这对互补色在整体上的相互比例关系，防止了炫目效果的产生。

### 7．全色相环色相对比

全色相环组有 24 色或 12 色的对比，称为全色相环色相对比。色彩组合运用这种对比，可显示出五彩缤纷、绚丽多彩的视觉效果，如图 5-48 所示。全色相环色相对比既具有丰富的色彩层次，又符合人的视觉生理、心理平衡，故常使人感兴趣。但由于色相很多，组织不好容易产生杂乱、不安定及难以形成统一效果的缺点，故必须采用多种对应的手法改变对比状况，扬其所长，避其所短。

图 5-48　全色相环色相对比

在对色相对比有了更进一步的分析和了解之后，在这里需要提醒的是不能忽视了黑色、白色在色相对比中的作用。因为，在色相对比中，常常离不开黑色、白色的调节作用。如将色相的亮度进行调整和变化，色相对比必将会产生大量、全新的表现价值。黑色、白色能帮助突出个性和改变色彩个性，有相应的表现潜力。应该说，既然变化是无穷的，那么相应的表现潜力也是无限的。

### （三）饱和度对比

因饱和度差别而形成的色彩对比称为饱和度对比。如果将同样一个橙色，分别放在红色底色上和灰色底色上，则在鲜亮红色底色上的橙色会显得暗淡无光，而放在灰色底色上的橙色却显得十分鲜亮，这种现象就是色彩饱和度对比。

在饱和度对比中，同样一种纯色在不同背景对比中呈现出几种表现效果的现象，也是基于同时对比性错觉而产生的。饱和度对比效果表明：所谓色彩的鲜与浊、模糊与生动的效果都是相对的。一种颜色在一种模糊色调中（如灰色）会显得生动，但是一旦将它放入比它更为生动的色调中（如纯色），又显得模糊了。可见，色彩饱和度对比规律能使我们从整体上的相对关系中挖掘色彩更为内在的表现潜力。

以色彩的饱和度级别为基本划分的标准，可以将 10 级的饱和度一分为三，就产生了饱和度对比中的强、中、弱 3 种程度。接近纯色的部分被称为鲜色，接近黑白轴的部分被称为灰色，

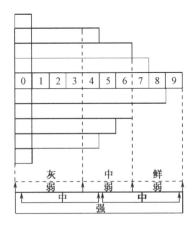

图 5-49　饱和度对比示意图

它们之间的部分被称为中间色。这样也就构成色彩饱和度的 3 个层次。具体来说，饱和度级差在 4 ~ 6 级之间的对比被称为饱和度中对比。图 5-49 所示为饱和度对比示意图。

### 1. 饱和度强对比

当采用一个饱和度很高的色彩，并放在无彩色的环境中进行对比时，就相当于跨越了整个饱和度阶段，对比的效果十分鲜明，这种关系是饱和度的强对比关系。这时，同时对比的特点最为突出，鲜的更鲜、浊的更浊，色彩表现出饱和、生动的性格。同时，色彩的视觉度也相当强，容易被人们注视。

### 2. 饱和度中对比

在饱和度阶段内，4 级以上、6 级以下的色彩对比关系能形成饱和度的中对比关系。这种对比关系有含糊、朦胧的色彩效果，并具有统一、和谐而又有变化的特点。在同时对比的情况下，色彩的个性比较鲜明突出，但刺激适中、柔和。

### 3. 饱和度弱对比

在饱和度阶段内，对比双方的关系保持在 3 级内，由于饱和度的差别极小，因此容易形成饱和度的弱对比关系。这种弱对比关系的视觉效果相当差，形象的清晰度也低，色彩容易变灰、变脏。因此，在应用时应该适当调整亮度差。当远距离观看时，它能提供一种特有的气氛，适合表现一种特定的表现场面。

饱和度对比的强弱同样可以产生不同的色彩效果，给人们视觉与感情带来很大的影响。因此，在实际配色中，对于饱和度对比一般的鲜艳色，其色相明确，视觉有兴趣，引人注目，色相心理作用明显，但长时间注视容易引起视觉疲劳。一般灰色的色相不明确，含蓄、柔和、不易分清楚，视觉兴趣小，能持久注视，但有平淡无力、单调而易生厌倦的缺点。

饱和度对比能增强色相的鲜明感，即增强色相的明确感。饱和度对比越强，色彩就越鲜明，从而增强配色的鲜艳、生动、醒目及情感方面的倾向。

当色彩饱和度对比不足时，往往会出现配色中的粉、脏、灰、黑、闷、火、单调、软弱、含糊等特点，这些都是配色时应该避免的。

在色彩属性的 3 种对比中，同样面积的色彩，饱和度对比不如色相对比、亮度对比效果强烈。

4．冷暖对比

在设计中，将冷暖色并列，冷暖感将更加鲜明，冷的会更冷，暖的会更暖，这种同时对比现象称为色彩的冷暖对比，如图 5-50 所示。

一般说来，波长长的红、黄、橙色被称为暖色（又被称为前进色、膨胀色），波长短的蓝、绿色被称为冷色（又被称为后退色、收缩色）。冷暖对比的强弱如图 5-51 所示。

图 5-50　冷暖对比

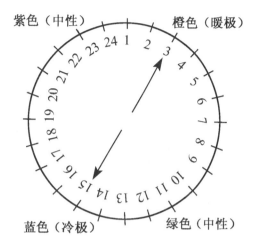

图 5-51　冷暖对比的强弱

在图 5-51 中，1 ～ 10 为暖色，暖极为 3（橙色）；13 ～ 18 为冷色，冷极为 15（蓝色）；11、23 为中性色（绿色、紫色）。如果色彩以冷暖两极组成对比，即橙色与蓝色组成对比，则是冷暖强对比，反差大；两极色与中性色的对比为冷暖中对比，反差中等，如 3 ∶ 11、3 ∶ 23、15 ∶ 11、15 ∶ 23；冷暖色各自内部的组合为冷暖弱对比，反差小，如 7 ∶ 3、15 ∶ 7 等。

在色彩设计应用中，色彩的冷暖对比具有以下特点。

（1）色彩冷暖对比主要由色相因素决定，色相由于饱和度或亮度的改变，冷暖倾向会略有改变。

（2）色彩冷暖对比与色彩其他属性的对比有关。色彩的冷暖不仅受色相影响，还受亮度、饱和度影响，如高亮度色往往使色彩发冷，低亮度色往往使色彩发暖。

（3）色彩冷暖对比的独特性质，使它比其他对比更具有明亮而丰富的表现力。冷暖对比越强，对比双方冷暖差越大，双方冷暖倾向就越明确；对比双方差别越小，双方倾向越不明确，但色彩总体色调的冷暖感增强。此外，色彩冷暖对比表现力能提供利用色彩表现空间感、音乐感的最大可能性。例如，利用色彩前进、后退的特点，能加强空间的表现力；利用色彩冷与暖的相互转换，可以不同程度地加强色彩的节奏感，产生强烈的音响效果。

事实上，色彩中的冷暖只是一种相对而言的概念，它是在同等对比中产生出来的。现代色彩学家 Johannes Itten 将色彩冷暖对比的特点用一些词语来表示。

暖色：阳光、不透明、刺激、浓、近、重、男性、干、感情、扩大、静止、硬、活泼、开放。

冷色：阴影、透明、镇静、淡、远、轻、女性、湿、缩小、流动、软、文静、保守。

上述的各种色彩对比，是为了深入研究色彩而特意分类的。在实际色彩设计中，使用色彩不是孤立无联系的，而是综合运用色彩的属性和冷暖差别，让多种色彩共生在一幅作品中。可见，色彩设计中综合应用的对比因素，显然比我们分门别类分析得更为复杂，而且效果更为丰富多样，在这里有必要强调在色彩设计时，必须按需对色彩进行系统分析和综合运用。

## 三、色彩搭配

当我们对一件艺术品或设计作品进行色彩设计时，就需要将两个或两个以上的色彩组织在一起，这种为达到某种目的而进行的色彩组织就是色彩搭配。

在色彩视觉艺术的领域中，色彩搭配的问题一直是人们苦心思考、努力研究的重点课题，并试图在习惯上形成一套公式化、法则化的原理，将其组成简单的色彩应用系统，供后人运用。

单独一种颜色谈不上美与不美，只有当两种或两种以上的色彩搭配在一起时，才会有美与不美的搭配效果。对色彩搭配进行系统整理和分析，可以供设计或艺术创作参考。

### （一）以色相为依据的色彩搭配方案

#### 1. 色彩搭配原则

这里以色相环为基础，把色相划分为几个区域，在按区域进行配色时，应该遵循以下原则。

（1）当一件作品的画面构成已经形成，在色彩搭配上，必须先依照主题的思想、内容的特点、构想的效果，特别是表现因素等，来决定主色或重点色是冷色还是暖色，是华丽色还是朴素色，是柔和色还是强烈色，是坚硬色还是柔软色。

（2）先将主色决定之后，再将其带入色相环中配色，根据需要可以按照同种色相配色、类似色相配色、对比色相配色、互补色相配色及多色相的配色等方案进行，分别产生不同的配色效果。

（3）两色所成的角度越小、距离越短，色彩的共同性越大，冲突越小，对比性越弱，产生的效果越和谐。

（4）两色所成的角度越大、距离越长，色彩越没有共同性，冲突越大，对比性越强，产生的效果越活泼、越强烈。

（5）对角线 180° 相对的补色配色是效果最强烈、最具刺激性的配色。

### 2. 色彩搭配方案

（1）同种色相的配色。

同种色相的颜色主要靠亮度的深浅变化构成色彩搭配，称为同种色相的配色。由于用色的范围只有单色的明暗、深浅变化，因此使人感觉到稳定、柔和、统一、幽雅。在同种色相配色中，如色彩亮度差太小，会使色彩效果显得单调、呆板，产生阴沉、不调和的感觉，为了避免产生这种效果，宜在亮度、饱和度变化上做长距离配置，才会产生活泼的感觉，达到应有的效果。

（2）类似色相的配色。

类似色相的配色包括范围较广，当其配色的角度越大时，愈显得活泼而有生气，角度越小，就越有稳定性和统计性，如果差异太小，近于同种色相，必须在彩度或亮度上拉长距离，否则会产生阴沉、灰暗、呆板的效果。相反，当搭配的颜色与主色接近 90° 角时，颜色的配置效果就会接近对比色相的配色效果，其色彩与色彩之间会有互相排斥的现象，有可能产生不调和的感觉，必须考虑使配色协调的因素。

（3）对比色相的配色。

对比色相的配色的配色角度大、距离远，颜色差异大，其效果活泼、跳跃、华丽、明朗、爽快。如果两色都属于高饱和度的颜色，对比效果会非常强烈，显得刺眼、炫目，使人有不舒服的感觉，可以用亮度和饱和度加以调和，缓解其强烈的冲突。当用距离主色接近 90° 角时的配色搭配，有些近似类似色相配色效果，视觉舒适度比较适中。

（4）互补色相的配色。

互补色相的配色是色相对比最强烈的配色，如果饱和度太高，则会产生刺眼、辛辣、心跳加速、冲击性强烈、喧闹不调和的效果，必须用亮度、饱和度变化的方式加以缓冲，才能避免产生激烈冲突的效果。互补色相的配色具有完整的色彩领域性，占有三原色素，所以其效果是明亮、灿烂、戏剧性强。

（5）多色相的配色。

多色相的配色在设计中用得比较广泛，大多采用正三角形的三色相配色方案，其效果与类似色相的配色相似，具有稳定感。

正三角形的三色相配色所产生的效果与对比色相的配色所产生的效果相似，具有华丽、活泼感。锐角等腰三角形的配色所产生的效果与互补色相的配色所产生的效果相似，具有活泼、耀眼、炫目感。正方形的四色相配色具有两组对比配色，效果较生动。长方形的四色相配色同样有两组类似的对比配色，具有和谐、稳定感。梯形的四色相配色中有一组类似色相和一组对比色相配色，效果华丽、生动而协调。

### （二）以亮度为依据的色彩搭配方案

每一个色相均有不同的明暗度，对于色相的配色所起的作用，有的色彩学家阐明，色彩的亮度对色彩的协调起着关键性的作用，无论是色彩之间的搭配显得单调或是产生不协调炫目现象时，只要降低或提高某一方的亮度，便可立刻得到协调的效果。

当然，色彩的亮度变化还可以控制色彩的表情。明朗的色彩给人以和蔼可亲的感觉；阴暗的色彩给人以沉重的感觉；均衡的亮度比可以使色彩活泼而稳重。在色彩设计中，我们可以从不同亮度的调子和亮度差两个方面来运用色彩亮度的配色。

#### 1．不同亮度调子的配色

亮度调子是指一组色彩放置在一起后，在明暗程度上呈现出的一种整体倾向。当一个画面的所有色彩都倾向高亮度的配色，就称为高调子；当整个画面的色彩倾向于低亮度的配色时，就称为低调子；当整个画面的所有色彩都倾向于不亮不暗的中亮度配色时，就称为中间调子。

（1）高调子配色。

在亮度色环中，亮度在最高 3 个色阶范围的色彩搭配。如果把亮度层次发展起来，则绝不限于 3 个色彩的搭配，同样可以在高调子中产生了丰富的层次变化。高调子的配色，可以赋予色彩积极、快活、愉悦、爽快、醒目、柔美、细致、自由、通畅、亮丽的视觉效果。

（2）中间调子配色。

在亮度色环中，亮度在中间 3 个色阶范围的色彩搭配。它可以赋予色彩柔和、甜蜜、高雅、端庄、古典、豪华、辉煌、艳丽的特点，让画面表现出高贵、雄伟、缤纷的效果。

（3）低调子配色。

在亮度色环中，亮度在最低 3 个色阶范围的色彩搭配。它可以赋予色彩严肃、谨慎、稳定、神秘、苦闷、丰富、厚重的特点，让画面表现出深沉、厚实、庄重、安定、阴森、苦涩、怨恨、嫉妒、失望的效果。

## 2．不同亮度差的配色

前面 3 种不同的亮度调子的配色，虽然色彩分别表现出了不同的表情和视觉效果，但由于调子的限制，用得不好，往往使画面缺乏色彩层次。通常，在保持了基本调子的基础上，还可以适当地打破调子色阶的限制，考虑加入少量的跨色阶的亮度对比，这实际上已经在配色中加入了色彩亮度差的配色因素。这是在配色中必须考虑的，而且亮度差的利用可以产生不同的配色方案。

色彩的亮度差是指在一组色彩搭配中，最亮的色彩和最暗的色彩之间的一种级差关系。

（1）等亮度差配色。

等亮度差配色是亮度差在 9 个亮度色阶中只占 1 个色阶的配色。等亮度差的特点是比较含蓄，同时会出现灰暗、模糊的不调和效果。

（2）低亮度差配色。

低亮度差配色是亮度差在 9 个亮度色阶中占 1 个色阶以上、3 个色阶以下的配色。由于色阶距离比较短，因此低亮度差配色又被称为短调，具有比较柔和的配色效果。

（3）中亮度差配色。

中亮度差配色是亮度差在 9 个亮度色阶中占 3 个色阶以上、6 个色阶以下的配色。由于所占色阶距离不长不短，因此中亮度差配色又被称为中调。它具有活泼、生动、色彩层次丰富的效果。

（4）高亮度差配色。

高亮度差配色在 9 个亮度色阶中占 6 个色阶以上的配色。由于所占色阶距离最长，因此高亮度差配色又被称为长调。它具有极强的对比效果，色彩效果特别醒目，如果处理不好，则容易产生不协调和炫目现象，必须利用面积的变化来达到调和。

## 3．亮度调子与亮度差的综合配色方案

前面所讲的不同亮度调子的配色是指亮度色阶限制在 3 个色阶以下，如果要从亮度差来说，则它只能是低亮度差的短调配色或是等亮度差的配色。如果亮度色彩的搭配被限制在这 3 种搭配方式中，就会缺乏色彩的明暗层次的变化。因此，可以用这 3 种不同的亮度色调为基调，再适当加入短调、中调或长调的不同亮度差的变化，使色彩搭配具有高、中、低 3 种不同总体感觉的亮度基调，又有微妙的、少量的亮度层次的对比变化。由此来看，以不同亮度色调为基调的配色与不同亮度差的配色完全可以综合，产生更为丰富的配色方案。

### （三）以饱和度为依据的色彩搭配方案

设计作品的配色原则与饱和度的变化可以决定画面吸引力的大小、方向色彩的强调，以及衬景色彩的微弱变化等配色因素。饱和度越高，色彩越鲜艳，就越引人注意，同时独立性与冲突性越强；饱和度越低，色彩越朴素、典雅、安静、温和，独立性与冲突性越弱。因此，常采用高饱和度配色来达到突出主题、陪衬主题的目的，才能达成统一协调的色彩构成。

饱和度变化的刺激作用不如亮度变化大，往往饱和度对比越强，而色彩感觉越和谐。因此，饱和度变化应该配合亮度变化及色相变化，才能达到较活泼的配色效果。

饱和度变化主要是指饱和度环上某一纯色与灰色之间的饱和度色阶变化，越接近灰色的一边饱和度越低，越远离灰色的一边饱和度越高。饱和度在离灰色 5 个色阶以内的色彩，色性都较弱，较难显现色彩的个性；饱和度在离 5 个色阶以外的色彩，才能发挥色彩的饱和度效果。由于饱和度配色不如亮度色阶那样易于分辨，因此，只能分为弱饱和度对比配色和强饱和度对比配色两种类型。

弱饱和度对比配色：弱饱和度对比配色是指在饱和度色环上 5 个色阶以内的色彩配色，饱和度差异不大。高饱和度的弱对比配色具有华丽的色彩效果，低饱和度的弱对比配色具有柔和、稳重、典雅的色彩效果。如果加上色相或亮度的变化，则可以使画面显得更加活泼、生动。

强饱和度对比配色：强饱和度对比配色是指在饱和度色环上 5 个色阶以上到 9 个色阶的色彩配色，饱和度差异大，具有鲜明、突出的色彩效果。如果再加上亮度或色相的变化，则更能使色彩增加华丽、鲜艳、辉煌的效果。

由于色相、亮度和饱和度是色彩中 3 个互相制约、互相影响的因素，因此在运用上述配色方案时，需要注意以下几点。

（1）色相差与饱和度差在配色时宜呈正比关系。当色相差大时，饱和度差也宜大；当色相差小时，饱和度差也宜小，而且以饱和度偏高为好。

（2）亮度差与色相差在配色时宜呈反比关系。当亮度差小时，色相差异大。

（3）亮度差与纯差在配色时宜呈反比关系。当亮度差小时，安排色彩的纯差宜大；当亮度差大时，安排色彩的纯差宜小。

（4）饱和度差在配色中宜与面积差呈正比关系。当饱和度差大时，面积差也宜大；当饱和度差小时，面积差也宜小。另外，当饱和度低时，面积宜大些；当饱和度高时，面积宜小些。

（5）色相差与面积差在配色时呈正比关系。当色相差大时，面积差也宜大；当色相差小时，面积差也宜小。

### （四）以色调为依据的配色方案

色调是指配色时在画面上形成的总的色彩倾向或一种总体的色彩气氛。如果从色相、亮度、饱和度 3 个因素进行配色，搭配得当，则自然会形成一定的色调。这里所讲的色调配色强调某一方面色彩因素的作用，以形成极强的某一方面的色彩映像。常用的色调有以下几种分类。

（1）以色相来分，可以用 12 色相环上的任意一个色相为主色，形成具有不同色相表情的红色调、黄色调、橙色调等，整个画面的色彩特点及表情即以该色相的特点及表情为主。

（2）以亮度来分，可以分为明色调、暗色调、中明色调。

（3）以饱和度来分，可以分为纯色调和灰色调。

（4）以色彩的对比来分，可以分为强烈对比色调和调和色调。

（5）以无彩色来分，可以分为黑色调、白色调和纯灰色调。

在实际应用中，不同的色调按其所包含的色彩特点，可以形成不同的色彩气氛及色彩效果。

# 任务 4　创意与逆向思维

创意就是创造一个与众不同的好主意。广告创意是现代广告活动中的一个重要概念，被人们提及最多，但分歧也最大。

对广告创意的理解，首先，应该从动态的"活动过程"和静态的"活动产物"两个层面展开，才能全面把握它的含义。其次，通过对广告实践活动的总结、优秀广告作品的分析及众多广告学者研究成果的借鉴，因此，广告创意是对"说什么"与"怎么说"的构想及由此形成的产物。

基于上述文字描述，对广告创意的概念进行以下解释。

从动态角度来看，广告创意是现代广告活动中的核心环节之一，它是设计师根据广告策略对有效的广告信息及其传达方式的创造性思考过程。这个层面完整的表述应为"创意活动"。

从静态角度来看，广告创意是现代广告活动的重要产物之一，它是设计师在分析广告目标、广告产品及目标消费者需求基础上构思的创造性的广告信息及其传达方式。

## 一、广告创意与逆向思维

### 1. 广告创意的过程

最早研究广告创意的人是美国广告专家詹姆斯·韦伯·扬，他在《产生创意的方法》一书中提出了完整的产生创意的方法和过程，其思想在我国广告界较为流行。经过深入细致的研究，詹姆斯·韦伯·扬认为创意完全是把原来的许多旧要素做新的组合，而把旧要素予以新组合的能力主要在于了解事物相互关系的本领。根据这个原理，詹姆斯·韦伯·扬把创意产生的过程归结为以下 5 个步骤。

第 1 步，收集原始资料，一方面是眼前问题所需要的资料，另外一方面是平时持续不断积累的一般知识资料。

第 2 步，用心仔细检查这些资料。

第 3 步，经过深思熟虑后，将相关创意记录下来，并综合汇总。

第 4 步，实际产生创意。

第 5 步，最后形成并发展这一创意，使其能够进行实际应用。

先通过上面 5 个步骤的储备，再由设计师围绕广告的主题思想进行图像的设计、制作与发布，创意广告就应运而生。

### 2. 广告创意的逆向思维方法

好的创意标准是新、奇、特，按照通常思维难以实现这一目标，逆向思维也许是个不错的解决途径。

逆向思维又被称为反向思维，是指从常规思维相反的角度、过程出发思考问题的方式。逆向思维是文艺创作和科学发明不可缺少的思维方式，不但可以使原来的事物更加完善，而且能开拓思维，同中求异，发现新路子。逆向思维的特点是对人们习惯的思维方式持怀疑和反对的态度，善于唱反调。因此，逆向思维往往能够出奇制胜，给人意想不到的收获。

在图像设计中，运用逆向思维可以使图像更具有哲理性和思考性，能够使设计的作品打破传统形式，焕然一新。借用鲁迅先生的经典之语"其实地上本没有路，走的人多了，也便成了路"，如果运用逆向思维，则可以理解为"世上本有千万条路，走的人多了，就有了路"。很多朋友在学技术，择业的时候不妨运用逆向思维思考一下，有可能会出现"柳暗花明又一村"的机会。

## 二、运用逆向思维进行广告创意

### 1. 欲扬先抑

商业广告文案通常都是正面介绍产品的优点或企业的长处，而从反面揭露产品缺点的广告是难得一见的。运用逆向思维，就是要打破这种"正话正说"的常规，通过"欲扬先抑"与"名贬实褒"的方式进行广告创意。

### 2. 欲抑先扬

这种逆向思维形式多应用于公益广告。当公益广告的主题批评或揭露某种社会不良现象时，采取的表现形式不是直接地批语或揭短，而是采用"欲抑先扬"与"名褒实贬"的思维方式，也就是名为摆好，实为亮丑，以婉转的方式达到教育人、警醒人的作用。

### 3. 反其道而行

从常规思维的相反方向入手，寻找消费者生理及心理需求的空位，进行反向诉求。司马光砸缸救人是大家熟悉的故事。在缸大、水深、人小，救人困难的情况下，他急中生智，反其道而行之，不是直接拉人出水，而是拿起石头砸破水缸，让水流出，使落水的孩子得救。

因此，在进行广告设计时，如果没有头绪不妨运用逆向思维，从事情的另一个侧面来体现作品或说明问题，达到广告设计的最佳目的。

## 三、广告创意关键词

在进行图像设计和广告创意时，一幅成功的作品除了在颜色及位置构成上恰到好处，最能起点"睛"作用的莫过于广告"语"了。往往一幅有意义的图片，只需用点"睛"的广告"语"稍加说明，就会引人入胜、直奔主题，在很短的时间内给人一个轻松、愉快、简洁、易记的心理效果，让人豁然开朗，从而达到广告的目的。

要做到这一点，广告创意关键词就成为图像设计师不得不思索的问题。一幅较成功的作品先要能说明问题，能体现这幅作品的最高卖点和广告主题，要做到这些就得从文字上下功夫，找准能与卖点相关联的创意关键词。

广告关键词的激发也可以通过图案的联想来实现。图案的联想可以使作品生辉，被设计师认为是表现图案创意，给图案增添想象色彩的最好手段。这类作品向人们展示的想象诱惑力十分强烈，所以这类图案能够留给人们一个宽广、再创造的审美空间，以及更多的联想。

## 课后训练 5

1. 观察生活中的各类图像，并学习用点、线、面来组成图像。

2. 运用画面的不同分割方式制作一些图像。

3. 分别写出 3 种以上冷、暖、中性色调颜色。

4. RGB 颜色模式与 CMYK 颜色模式的区别是什么？

5. 现实生活中有哪些是运用逆向思维创造的产品，请列举一些。

6. 多观察看到的各种广告或海报，尝试用另外的广告语体现这个产品的主题。

7. 列举一些自己最熟悉的广告语，并与同学相互交流交流，看一看谁的更精彩。

# 项目 6
# 数码图像的处理

项目要点

◆ 掌握提高照片对比度的方法。

◆ 掌握去除照片斑点的方法。

思政要求

◆ 发扬执着专注、精益求精的工匠精神。

◆ 培养爱岗敬业、诚实劳动的劳模精神。

简单来说，数码图像的处理就是首先将手机或数码相机中的照片或网上的图片直接或通过微信、QQ 等下载到计算机中，又或者将家里的老照片或杂志上的图片扫描到计算机中；然后通过相关软件的加工设计，可以翻新、合成照片，也可以进行上色及做特效处理等，完成人们所希望达到的理想效果；最后将其存储于移动硬盘、U 盘、网盘等存储介质上，做永久纪念。

# 任务 1　图像的优化

图像的优化可以概括为素材调色、去斑。

## 一、素材调色

由于时间的原因，有些照片放久了会出现发黄、发黑、发灰、发白的现象；另外，如果摄影者的拍摄技术不高，则拍摄的照片也会出现发黑、发灰现象，对于这样的照片，首要工作就是要调整色阶。

### 1. 调整色阶的方法

（1）在本任务配套素材中打开需要调整的照片，按快捷键 Ctrl+L 执行"色阶"命令，打开"色阶"对话框，此时可以看到色阶曲线状态，如图 6-1 所示。

（2）从图片的曲线来看，该图片的深色和亮色的对比较弱，呈灰色状态。将"色阶"对话框中上一排最右边的滑块向左移动，最左边的滑块向右移动，调节左、右两个滑块的位置，直到肉眼观察图片效果觉得合适为止。右边没有竖线条的空白处即为没有颜色的灰度区，将此区去除后就会使灰暗的图片变得明亮起来。调整色阶后的图片效果及曲线状态如图 6-2 所示。

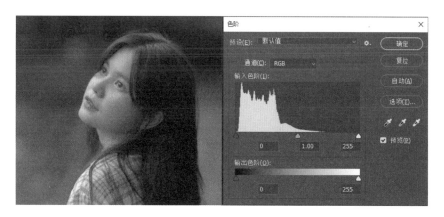

图 6-1　调整色阶前的图片效果及曲线状态

图 6-2　调整色阶后的图片效果及曲线状态

2．调整亮度不足和偏色现象的方法

（1）在本任务配套素材中打开需要调整的图片，如图 6-3 所示。

图 6-3　打开需要调整的图片

（2）按快捷键 Ctrl+L 执行"色阶"命令，在打开的"色阶"对话框中可以看到图片调整色阶前的曲线状态，如图 6-4 所示。将上一排最右边的滑块调节到如图 6-5 所示的位置，观察图片的亮度情况，以达到最佳效果为准。

图 6-4　调整色阶前的曲线状态　　　　　图 6-5　调整色阶后的曲线状态

（3）调整色阶亮度滑块使图片达到最佳亮度效果后，单击"确定"按钮，得到如图 6-6 所示的图片效果。现在从图片上看，亮度已达到要求，但整幅图片的颜色还呈现出偏黄色少洋红的效果。为了使该图片效果更好，必须进行色彩平衡调整。

图 6-6　调整亮度后的图片效果

（4）按快捷键 Ctrl+B 执行"色彩平衡"命令，在打开的"色彩平衡"对话框中可以看到色彩平衡调整前的状态，如图 6-7 所示。调整"色彩平衡"对话框中"青色"滑块、"洋红"滑块与"黄色"滑块的位置，如图 6-8 所示。

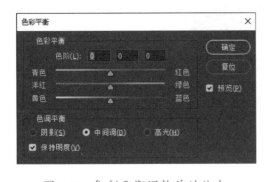 

图 6-7　色彩平衡调整前的状态　　　　　图 6-8　色彩平衡调整后的状态

（5）在"色彩平衡"对话框中调整各颜色的比例值并观察图片的效果至最佳状态，单击"确定"按钮，得到如图 6-9 所示的图片效果。这时，图片的亮度及偏色现象已经被校正。

图 6-9　调整色彩平衡后的图片效果

## 二、去斑

去斑又被称为去黄斑。在图像的处理中，可以使用"可选颜色"命令将人物面部的黄斑去除。形成黄斑的主要原因是亚洲人是黄种人，在拍摄时，会在人物的脸上形成一点一点聚集不均匀的黄斑，为了获得满意的照片效果，去除人物脸上的黄斑就显得非常必要了。

（1）在本任务配套素材中打开需要调整的图片，选择"图像"→"可选颜色"命令，打开如图 6-10 所示的"可选颜色"对话框。

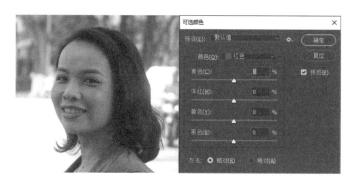

图 6-10　打开需要调整的图片及"可选颜色"对话框

（2）在"可选颜色"对话框中，单击"颜色"下拉按钮，在弹出的下拉列表中选择"黄色"选项，图片效果如图 6-11 所示。

图 6-11　选择"黄色"选项后的图片效果

（3）选择"黄色"选项后，调整"黄色"滑块的位置，如图 6-12 所示，这时目测图片上的黄斑已基本没有了。

（4）给图片整体加上一些黄色。因为去除的是黄斑，而亚洲人是黄皮肤，还是应该有黄色的存在，所以可以使用"色彩平衡"命令（也可按快捷键 Ctrl+B）给图片整体加上一些黄色。打开"色彩平衡"对话框，调整"黄色"滑块的位置，如图 6-13 所示，即可给图片整体加上一些黄色。

 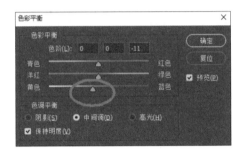

图 6-12　调整"黄色"滑块的位置（1）　　　图 6-13　调整"黄色"滑块的位置（2）

使用"可选颜色"命令可以去除黄斑，使用"色彩平衡"命令可以添加均匀的黄色，两者是不一样的概念。

# 任务 2　逆光照片的修正

在户外旅游时人们都会拍摄一些照片，有时由于不注意或拍摄技术差等原因，照片就会出现逆光照。这种照片往往是不合格的，但或许是照片太珍贵或是非常值得留念，会让人们感到非常遗憾。而现在，人们可以使用各种方法处理这种照片以弥补这些遗憾。

操作步骤

（1）打开需要处理的逆光照片，如图 6-14 所示。需要进行处理的是人物的脸部部分，该部分因为逆光，所以显得发灰。

图 6-14　打开需要处理的逆光照片

（2）选择"图像"→"调整"→"色阶"命令，在打开的"色阶"对话框中调整相应的参数，如图 6-15 所示，单击"确定"按钮，调整色阶后的照片效果如图 6-16 所示。

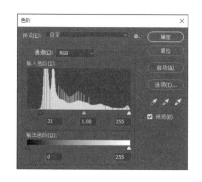

图 6-15　调整"色阶"对话框中的参数

图 6-16　调整色阶后的照片效果

（3）调整后的头发部分已消除了吃光现象，但是人物的脸部色泽却显得很深，需要进行恢复。按 D 键设置前景色为黑色，设置背景色为白色，选择工具箱中的渐变填充工具，在该属性栏中单击"线性渐变"按钮，在画布中按住鼠标左键从左下角向右上角拖动鼠标指针（可多操作几次，直至脸部区域恢复得较好为止），得到如图 6-17 所示的照片效果，此时图层蒙版的状态如图 6-18 所示。

图 6-17　填充线性渐变颜色后的照片效果

图 6-18　填充线性渐变颜色后的图层蒙版状态

（4）图层蒙版中的黑色区域显示的是原来照片的状态，而白色区域显示的是色阶 1 图层的照片状态。但此时人物的脸部区域还有些偏暗，需要进行调整。

（5）单击图层面板中的"创建新的调整层"下拉按钮，在弹出的下拉列表中选择"曲线"选项，在打开的曲线面板中调整相应的参数，如图 6-19 所示，调整曲线后的照片效果如图 6-20 所示。

（6）观察照片，发现人物右边的头发偏灰，需要进行调整。按 D 键设置前景色为黑色，选择工具箱中的画笔工具，在画布上涂抹人物的头发处，效果如图 6-21 所示，其曲线蒙版状态如图 6-22 所示。

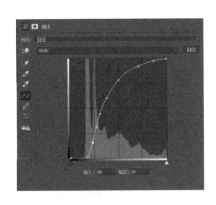

图 6-19 调整曲线面板中的参数

图 6-20 调整曲线后的照片效果

图 6-21 调整人物头发后的照片效果

图 6-22 曲线蒙版状态

（7）经过以上调整后，人物脸部的色彩还不够红润，需要进行调整。单击图层面板中的"创建新的调整层"下拉按钮，在弹出的下拉列表中选择"色彩平衡"选项，在打开的色彩平衡面板中调整相应的参数，如图 6-23 所示，调整色彩平衡后的照片效果如图 6-24 所示。

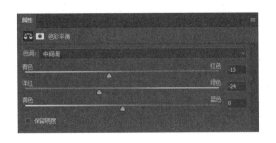

图 6-23 调整色彩平衡面板中的参数

图 6-24 调整色彩平衡后的照片效果

（8）到此，逆光照片处理完成，看一看如图 6-25 所示的对比效果，是不是觉得照片效果好多了。

（a）处理前的逆光照片效果　　　（b）处理后的逆光照片效果

图 6-25　处理前与处理后的逆光照片对比效果

# 任务 3　模糊照片的清晰化处理

有时会碰到这样的问题，能不能将模糊照片处理得很清晰。对于这样的问题，先要确认需要处理的照片的质量不能太差，如果照片质量太差，就是神仙恐怕也很难处理，如果像下面的照片，则还是有处理的必要的。

操作步骤

（1）打开需要进行清晰化处理的照片，如图 6-26 所示。

图 6-26　打开需要进行清晰化处理的照片

（2）按快捷键 Ctrl+J 将需要处理的照片复制一个副本图层，按快捷键 Ctrl+Shift+U 将副本图层层进行去色处理，效果如图 6-27 所示。选择"滤镜"→"其他"→"高反差保留"命令，在打开的"高反差保留"对话框中设置相应的参数，如图 6-28 所示，单击"确定"按钮，该对话框中的半径值不能设置得太大，可多操作几次，想要一次到位其结果往往不是很理想。

173

图 6-27 去色处理后的照片效果

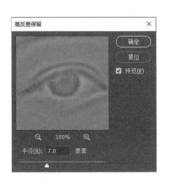
图 6-28 设置"高反差保留"对话框中的参数

（3）将副本图层的混合模式设置为"叠加"，此时的照片效果如图 6-29 所示。单击图层面板中的"添加蒙版"按钮■，给该图层添加图层蒙版。选择工具箱中的画笔工具✍，设置前景色为纯黑色，使用画笔工具将不需要清晰的地方擦掉，图层蒙版状态如图 6-30 所示。

图 6-29 将图层混合模式设置为"叠加"后的照片效果

图 6-30 图层蒙版状态

（4）按快捷键 Ctrl+J 将背景拷贝 4 图层连续复制两个副本图层（复制的图层数量要根据实际情况而定），此时照片效果如图 6-31 所示，图层状态如图 6-32 所示。

图 6-31 复制副本图层后的照片效果

图 6-32 图层状态

（5）选择"图层 1"，按快捷键 Ctrl+J 将"图层 1"再复制一个副本图层，按快捷键 Shift+"]"将"图层 1 拷贝 4"移动到顶层，将该图层的混合模式设置为"滤色"，此时的照片效果如图 6-33 所示。此时图片偏亮，需要进行调整。选择"图层 1"，按快捷键 Ctrl+M 打开"曲线"对话框，调整曲线状态，如图 6-34 所示。

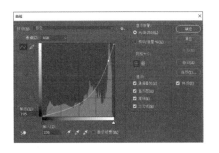

图 6-33　将图层混合模式设置为"滤色"后的照片效果　　　　图 6-34　调整曲线状态

（6）单击"确定"按钮，得到清晰化处理后的照片。清晰化处理前与清晰化处理后的照片对比效果如图 6-35 所示。

图 6-35　清晰化处理前与清晰化处理后的照片对比效果

# 任务 4　提高照片对比度的方法

如果想要提高照片对比度，则可以使用以下 3 种方法来完成。

方法一

（1）打开需要调整亮度 / 对比度的照片，如图 6-36 所示。选择"图像"→"调整"→"亮度 / 对比度"命令，打开"亮度 / 对比度"对话框，如图 6-37 所示。

图 6-36　打开需要调整亮度 / 对比度的照片　　　图 6-37　"亮度 / 对比度"对话框

（2）在"亮度／对比度"对话框中进行相应的参数设置，如图 6-38 所示，单击"确定"按钮，调整后的照片效果如图 6-39 所示。

图 6-38　设置"亮度／对比度"对话框中的参数　　　　图 6-39　调整亮度／对比度后的照片效果

方法二

（1）打开需要调整色阶的照片。选择"图像"→"调整"→"色阶"命令，打开"色阶"对话框，如图 6-40 所示。

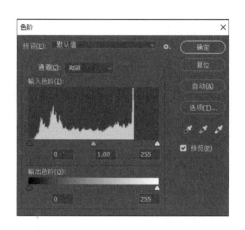

图 6-40　"色阶"对话框

（2）在"色阶"对话框中进行相应的参数设置，如图 6-41 所示，单击"确定"按钮，调整色阶后的照片效果如图 6-42 所示。

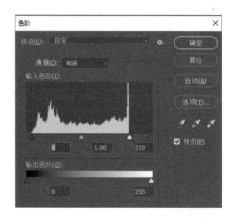

图 6-41　设置"色阶"对话框中的参数　　　　图 6-42　调整色阶后的照片效果

方法三

（1）打开需要调整曲线的照片，如图 6-36 所示。选择"图像"→"调整"→"曲线"命令，打开"曲线"对话框，如图 6-43 所示。

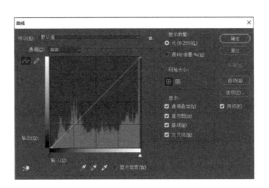

图 6-43 "曲线"对话框

（2）在"曲线"对话框中进行相应的参数设置，如图 6-44 所示，单击"确定"按钮，调整曲线后的照片效果如图 6-45 所示。

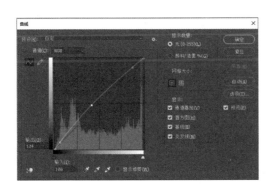

图 6-44 设置"曲线"对话框中的参数　　　图 6-45 调整曲线后的照片效果

## 任务 5 去除照片斑点的方法

这里所说的"去斑点"与前文所讲的"去斑"是不同的。这里的"斑点"主要是指照片中的脏点，人物脸部的痣、雀斑等。这些斑点有时破坏照片的面积大，所以不能用滤镜去斑法进行去除。这种情况只能采取图像修复的方法进行去除，并且在去除中要确保照片不被破坏。

总体来说，去除照片斑点的方法要根据照片的实际情况来确定。如果斑点是针对人物照片的，则去除方法是：首先去除脸部斑点，然后去除衣服斑点，最后去除背景斑点。最重要的是在去除时要采用亮点对亮点、暗点对暗点、中间色点对中间色点的方式，既可以是点对点，又可以是线对线的方式进行，不宜使用亮度、颜色反差过大的源点。同时，一般采样点要在去除的斑点的旁边,太远就无法确认照片的色调是否一致,但采样点也不能太近,如果采样点太近且笔刷比较大,则可能把具有斑点的照片又印在破损处,从而达不到去除斑点并修复照片的目的。

当小面积的斑点需要去除时,首先可以选择修复画笔工具及仿制图章工具,然后在属性栏中选用比斑点稍大的柔边画笔去除即可;如果遇上大面积的斑点需要去除时,则可以使用修补工具来完成。

也可以使用画笔工具来去除斑点,这种方法主要是在照片颜色比较单一的情况下使用。例如,要去除如图 6-46 所示的斑点,就可以先使用吸管工具吸取白色,再选用比斑点稍大的画笔来涂抹斑点,即可去除斑点,去除斑点后的照片效果如图 6-47 所示。

图 6-46　去除斑点前的照片效果　　图 6-47　去除斑点后的照片效果

下面使用仿制图章或修复画笔工具去除如图 6-48 所示的脏色斑点。

图 6-48　需要去除脏色斑点的照片

在工具箱中选择修复画笔工具 或仿制图章工具 ,在属性栏中选择大小为 35 像素、硬度值为 0 的柔边画笔,按住 Alt 键在如图 6-49 所示的位置进行采样,采样完成后松开 Alt 键,将鼠标指针移动到斑点处进行涂抹,去除斑点后的照片效果如图 6-50 所示。

 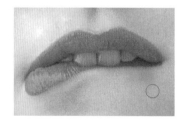

图 6-49　采样点的位置　　　　图 6-50　去除斑点后的照片效果

下面使用 Photoshop 提供的修补工具 ▥ 修复斑点比较集中且面积较大的照片。打开如图 6-51 所示的需要修复的照片，选择修补工具 ▥，绘制需要进行修复的图像范围，如图 6-52 所示。

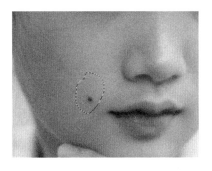

图 6-51　打开需要修复的照片　　　　图 6-52　绘制修复的图像范围

修复范围确定后，将鼠标指针放在该选区内，按住鼠标左键，拖动鼠标指针将选区内的图像移动到如图 6-53 所示的地方（一定要移动到没有斑点的皮肤上，原理是将没有斑点的皮肤复制到斑点处，并与其融合），释放鼠标左键即可得到修复后的照片，按快捷键 Ctrl+H 隐藏选区，效果如图 6-54 所示。

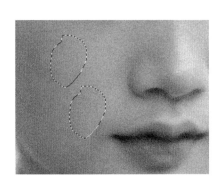

图 6-53　将选区内的图像移动到没有斑点的皮肤上　　图 6-54 修复后的照片效果

# 任务 6　牙齿美白处理

在艺术照片处理中，经常会发现一些人物照片的牙齿出现偏黄现象，这种现象非常影响照片的美观，需要进行处理。处理的方法有很多，如调整色彩平衡、加强色彩对比等，这里采用加强色彩对比的方法去除照片中牙齿偏黄的现象。

（1）打开如图6-55所示的需要去除牙齿偏黄的照片，在该照片中牙齿明显出现偏黄现象。选择工具箱中的磁性套索工具 ▧，在照片中选取人物的牙齿部分，如图6-56所示。按快捷键 Ctrl+Alt+D 将选区羽化 2 像素。

图 6-55　打开需要去除牙齿偏黄的照片　　　图 6-56　选取人物的牙齿部分

（2）按快捷键 Ctrl+J 将选区的图像复制一个新图层，按快捷键 Ctrl+Shift+U 去除图像颜色，效果如图 6-57 所示。此时牙齿虽然没有了黄色，但是色彩偏灰，需要加强对比度。

图 6-57　对新图层进行去色后的效果

（3）按快捷键 Ctrl+L 执行"色阶"命令，在打开的"色阶"对话框中设置相应的参数，如图 6-58 所示（具体调整情况需要根据照片的实际情况而定）。单击"确定"按钮，调整色阶后的牙齿效果如图 6-59 所示。

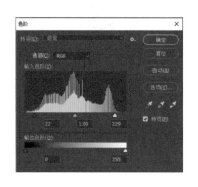 

图 6-58　设置"色阶"对话框中的参数　　图 6-59　调整色阶后的牙齿效果

（4）调整色阶后的牙齿在洁白度上有了很大的提高，为了让牙齿更加洁白、健康，可以适当增加一些蓝色。按快捷键 Ctrl+B 执行"色彩平衡"命令，在打开的"色彩平衡"对话框中设置蓝色参数，如图 6-60 所示，单击"确定"按钮，调整色彩平衡后的牙齿效果如

图 6-61 所示。

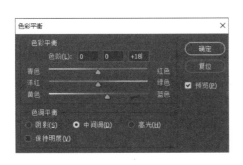

图 6-60 设置"色彩平衡"对话框中的参数　图 6-61 调整色彩平衡后的牙齿效果

## 任务 7　书法照片的翻新

在广告公司或印刷厂经常遇到将黑白书法照片翻新的工作。许多初学者在遇到这样的工作时，往往会使用修补工具或仿制图章工具进行修复。这种方法虽然可以翻新黑白书法照片，但是要花费很多的时间和精力，并且效果也并不是很好。那么怎样才能快速地使染有污渍或发灰的黑白照片焕然一新呢？下面就来学习将黑白书法照片快速翻新的处理方法。

（1）打开本任务配套素材中染有污渍的黑白书法照片，如图 6-62 所示。

（2）按快捷键 Ctrl+M 执行"曲线"命令，在打开的"曲线"对话框中单击"设置白场"按钮，并在照片中吸取污渍最深的地方，如图 6-63 所示。

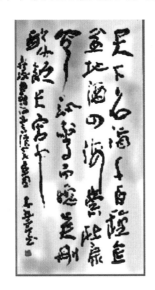
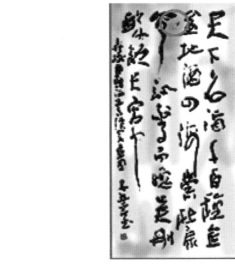

图 6-62　打开染有污渍的黑白书法照片　　图 6-63　吸取污渍最深的地方

（3）只要利用"设置白场"吸取污渍最深的地方，画面就变成如图 6-64 所示的效果。单击"确定"按钮完成黑白书法照片的翻新。

图 6-64　黑白书法照片翻新后的效果

# 任务 8　照片的艺术处理

在一些印刷公司或影楼里，经常会看到设计师进行人像艺术处理，常用的照片艺术处理的方法如下。

（1）打开需要处理的照片，如图 6-65 所示。

图 6-65　打开需要处理的照片

（2）按快捷键 Ctrl+J 复制一个副本图层，按快捷键 Ctrl+Shift+U 去除副本图层照片的颜色，效果如图 6-66 所示。选择"图像"→"调整"→"色调分离"命令，在打开的"色调分离"对话框中设置"色阶"为"32"，单击"确定"按钮，效果如图 6-67 所示。

图 6-66  去色后的照片效果      图 6-67  色调分离后的照片效果

（3）选择"滤镜"→"模糊"→"高斯模糊"命令，在打开的"高斯模糊"对话框中设置"半径"为"2.0"像素，如图 6-68 所示。单击"确定"按钮，效果如图 6-69 所示。

图 6-68  设置"高斯模糊"滤镜的参数      图 6-69  高斯模糊后的照片效果

（4）在图层面板中将背景拷贝图层的混合模式设置为"叠加"，效果如图 6-70 所示。

图 6-70  设置"叠加"图层混合模式后的照片效果

（5）按快捷键 Ctrl+E 将背景拷贝图层与背景图层合并，按快捷键 Ctrl+M 执行"曲线"命令，在打开的"曲线"对话框中调整曲线的状态，如图 6-71 所示，单击"确定"按钮，效果如图 6-72 所示。使用这种方法处理出来的照片色泽柔和、肌肤细腻。

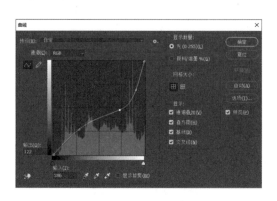

图 6-71　调整曲线的状态　　　　　　图 6-72　处理完成的照片效果

## 课后训练 6

1. 提高照片亮度/对比度的方法有哪些？尝试用本项目所学的方法调整一幅图片的亮度。

2. 扫描一幅图像，并根据该图像的色谱直方图判断图像的质量。

3. 在图像调整的过程中，如果对调整的效果不满意，则应该如何恢复原始图像？

4. 给书法照片翻新能通过增强对比度的方法来实现吗？请试一试。

5. 给扫描的人物图片去除黄斑后，为什么还要给整体图片添加一些黄色？

6. 给一张照片制作 3 种不同效果的边框。

# 项目 7
# 经典案例实战

◆ 熟悉平面设计的流程。

◆ 掌握网络媒介和印刷品设计文件的创建规范。

◆ 发扬开拓进取、精益求精的工匠精神。

◆ 培养勇于创新、艰苦奋斗的劳模精神。

本项目将通过对大量经典案例的实战演练，进一步加强对 Photoshop 中各种工具及命令的综合运用，引导用户更深入地发掘软件的功能。用户通过学习本项目，希望可以迅速成为一位具有一定水准的平面设计师。

# 任务 1　电子邀请函设计

电子邀请函被越来越多的企业青睐。本任务主要介绍如何设计一款电子邀请函，通过对电子邀请函的内容排版，熟悉电子邀请函的构成要素，在美化电子邀请函的同时，完善其实用功能。

**操作步骤**

（1）打开 Photoshop 窗口，选择"文件"→"新建"命令，在打开的"新建文档"对话框中设置相应的参数，如图 7-1 所示，单击"创建"按钮，创建"电子邀请函设计"画布。需要注意的是，通过网络传播的图像一般将分辨率设置为 72 像素。

（2）由于电子邀请函的发布公司为陈列式整理术研究所，女性比较多，故根据其 logo 选定电子邀请函的配色为粉色。在本任务配套素材中分别打开"背景"及"logo"图像，将"背景"图像与"logo"图像拖动到"电子邀请函设计"文件中，调整其大小及位置，如图 7-2 所示。

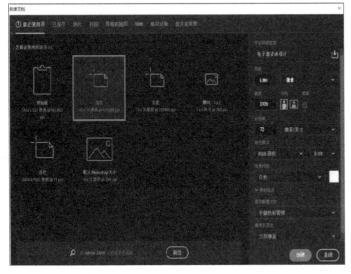

图 7-1　设置"新建文档"对话框中的参数

（3）输入电子邀请函的标题组合，此部分需要标明发布邀请函的公司、邀请函的主题等。选择工具箱中的 T 工具，切换为横排文字工具，输入公司名称"陈列式整理术研究所"，居中对齐，注意文字间距的调整，设置字符参数，如图 7-3 所示。

图 7-2　调整"背景"图像与"logo"图像的大小及位置　　　图 7-3　设置字符参数（1）

（4）输入邀请函主题"初级整理师执业课"，设置文字颜色为 RGB（230,145,144），设置字符参数，如图 7-4 所示。

（5）输入文字"入学邀请函"，设置字符参数，如图 7-5 所示。左右两边绘制小圆点作为装饰，完成标题组合的设计，小圆点装饰可以在视觉上区分标题组合与下面的内容，使得标题更加突出，效果如图 7-6 所示。

图 7-4　设置字符参数（2）

图 7-5　设置字符参数（3）　　　　图 7-6　完成标题组合的设计

（6）选择工具箱中的 钢笔 工具，切换为钢笔工具，绘制一个不规则的鹅卵石形状路径，通过右击创建选区，设置前景色为 RGB（230,145,144），新建一个图层，使用前景色填充选区。将图层的不透明度设置为 28%，效果如图 7-7 所示。

（7）使用同样的方法再绘制一个不规则的鹅卵石形状，设置图层的不透明度为 100%，调整图层的大小及形状，使两个鹅卵石形状的图层呈叠放状态。双击图层，添加图层样式"描边”与“内阴影”，分别设置相应的参数，如图 7-8 所示。

图 7-7 绘制不规则的鹅卵石形状路径

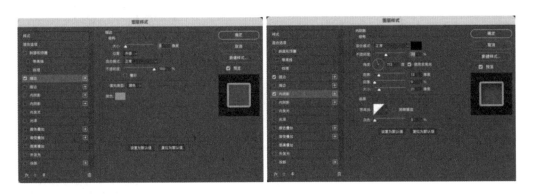

图 7-8 设置描边样式与内阴影样式的参数

（8）挑选一张照片，将其导入“电子邀请函设计”文件中，调整照片的大小及位置，选择“图层”→“创建剪贴蒙版”命令，制作相框效果。需要注意的是，剪贴蒙版不会遮挡图层样式的效果。打开本任务配套素材文件中的“桃花”图像，将“桃花”图像拖动到“电子邀请函设计”文件中，调整其大小及位置，设置图层不透明度为 20%，将图像所在的图层放置在背景图层上方，丰富背景，营造氛围。效果如图 7-9 所示。

（9）选择工具箱中的 T 工具，切换为横排文字工具，输入邀请函的内容，内容包含两个部分，标题“导师将与您一起”和正文“从零到一开启新的生活方式 用最快的时间成本扎根时下最火爆的新行业 发掘无限可能的你”，设置正文的字号为 36 点，设置标题的字号为 68 点，对标题进行加粗处理，效果如图 7-10 所示。

（10）打开本任务配套素材中的“二维码”图像，将“二维码”图像拖动到“电子邀请函设计”文件中，调整其大小及位置，为发布公司的公众号导流，增加粉丝数量，如图 7-11 所示。

（11）选择工具箱中的 T 工具，切换为横排文字工具，输入邀请函的时间和地点，“上课时间：2023 年 12 月 08-09 日上课地点：上海市静安区江场西路 中铁中环时代广场 5 号楼 810 室”，设置字符参数，如图 7-12 所示。

图 7-9　导入照片与"桃花"图像后的效果　　图 7-10　输入与设置邀请函的内容

图 7-11　添加公众号二维码　　图 7-12　设置字符参数（4）

（12）选择工具箱中的 T 工具，切换为横排文字工具，输入广告语"扫描二维码立刻报名 报名即可享受 7 天免费新行业职业规划咨询服务"，设置字符参数，如图 7-13 所示，效果如图 7-14 所示。

图 7-13　设置字符参数（5）　　图 7-14　输入与设置广告语

（13）选择工具箱中的 T 工具，切换为横排文字工具，输入自己的姓名，给自己做一张邀请函。这样电子邀请函的设计就完成了，效果如图 7-15 所示。

图 7-15　电子邀请函设计完成效果

# 任务 2　护肤品广告设计

本任务主要介绍如何设计一款护肤品广告，通过该广告设计熟练完成广告的色彩搭配。要求整个广告设计的色彩明快、简练，配以广告语点缀，使广告的主题更加鲜明。

**操作步骤**

（1）打开 Photoshop 窗口，选择"文件"→"新建"命令，在打开的"新建文档"对话框中设置相应的参数，如图 7-16 所示，单击"创建"按钮，创建"护肤品广告设计"画布。需要注意的是，通过网络传播的图像一般将分辨率设置为 72 像素。

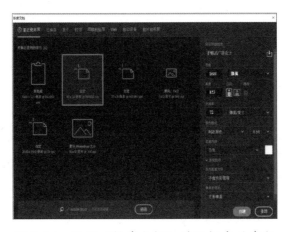

图 7-16　设置"新建文档"对话框中的参数

（2）由于产品的包装为蓝色，为了烘托产品，这里将整个广告的色调定为淡蓝色。单击图层面板中的 下拉按钮，创建新的填充"纯色"，设置颜色为 RGB（164,195,238），效果如图 7-17 所示。

（3）设置前景色为 RGB（53,121,212），选择工具箱中的█工具，切换为渐变工具，选择渐变样式为蓝白色的线性渐变，从画布左下角向右上角拖动鼠标指针，绘制蓝白色的线性渐变颜色，效果如图 7-18 所示。

图 7-17　创建新的填充"纯色"　　　图 7-18　绘制蓝白色的线性渐变颜色

（4）打开本任务配套素材中的"水"图像，将"水"图像拖动到"护肤品广告设计"文件中，调整其大小及位置，将图层的混合模式设置为"正片叠底"，效果如图 7-19 所示。

（5）打开本任务配套素材中的"产品"图像与"透明展台"图像，将"产品"图像与"透明展台"图像拖动到"护肤品广告设计"文件中，调整其大小及位置，如图 7-20 所示。

图 7-19　设置为"正片叠底"后的效果　　图 7-20　调整导入图像的大小及位置

（6）选择工具箱中的█工具，切换为矩形选框工具，在画布上绘制宽度为 58 像素、高度为 853 像素的矩形选区，设置前景色为 #ffffff，双击图层添加图层样式"渐变叠加"，设置相应的参数，如图 7-21 所示。

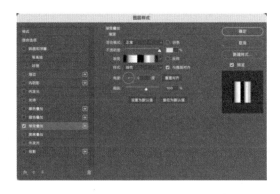

图 7-21　设置渐变叠加样式的参数

（7）将第 6 步创建的图层拖动到图层面板中的█按钮上，复制图层，在画布上并排向右移动矩形，重复此操作将画布填满，效果如图 7-22 所示。

（8）将所有添加渐变叠加样式的图层选中，右击，在弹出的快捷菜单中选择"转换为智能对象"命令。选择工具箱中的■工具，切换为矩形选框工具，在产品右侧绘制宽度为444像素、高度为853 像素的矩形选区，单击图层面板中的■按钮，添加蒙版，效果如图 7-23 所示。

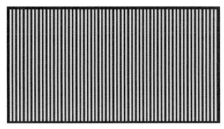 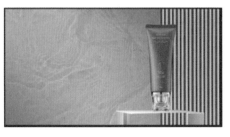

图 7-22　复制并移动图层　　　　　　　　图 7-23　添加蒙版

（9）将添加蒙版的图层的混合模式设置为"柔光"，单击图层面板中的■下拉按钮创建调整图层"反相"，选择"图层"→"创建剪贴蒙版"命令，制作长虹玻璃效果，如图 7-24 所示。

（10）打开本任务配套素材中的"花"图像，将"花"图像拖动到"护肤品广告设计"文件中，放置在透明展台图层下方，调整其大小及位置，选择"滤镜"→"模糊"→"高斯模糊"命令，在打开的"高斯模糊"对话框中设置相应的参数，如图 7-25 所示，单击"确定"按钮。

 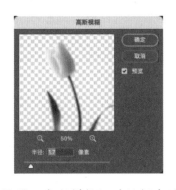

图 7-24　制作长虹玻璃效果　　　　图 7-25　设置"高斯模糊"对话框中的参数（1）

（11）将花图层拖动到图层面板中的■按钮上，复制图层，将其拖动到长虹玻璃效果图层下方。选择工具箱中的■工具，切换为矩形选框工具，选中长虹玻璃效果覆盖的花拷贝图层部分，先按快捷键 Ctrl+X 剪切，再按快捷键 Ctrl+Shift+V 原位粘贴，会将长虹玻璃效果覆盖部分新创建的图层，选择"滤镜"→"模糊"→"高斯模糊"，在打开的"高斯模糊"对话框中设置相应的参数，如图 7-26 所示，单击"确定"按钮，效果如图 7-27 所示。

（12）选择工具箱中的■工具，切换为横排文字工具，输入标题内容"定格美肌 进阶修护"，选中"定格美肌"，设置字符参数，如图 7-28 所示，选中"进阶修护"，设置字符参数，如图 7-29 所示。

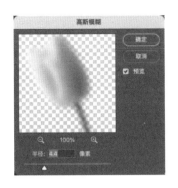

图 7-26　设置"高斯模糊"对话框中的参数（2）　　　图 7-27　添加高斯模糊后的效果

图 7-28　设置字符参数（1）　　　　　图 7-29　设置字符参数（2）

（13）选择工具箱中的 T 工具，切换为横排文字工具，输入品牌名称和副标题内容"E-OCEAN.IX"和"不同年龄 同一张紧致光洁的高级脸"，选中"E-OCEAN.IX"，设置字符参数，如图 7-30 所示，选中"不同年龄同一张紧致光洁的高级脸"，设置字符参数，如图 7-31 所示，效果如图 7-32 所示。

图 7-30　设置字符参数（3）　　图 7-31　设置字符参数（4）　　图 7-32　输入品牌名称和副标题

（14）选择工具箱中的 ▢ 工具，切换为矩形工具，绘制宽度为 422 像素、高度为 58 像素的矩形，并设置矩形圆角参数，如图 7-33 所示。选择工具箱中的 T 工具，切换为横排文字工具，输入产品名称"深层海洋洁面乳 100g"，设置颜色为 #ffffff，设置字号为 31 点，效果如图 7-34 所示。

（15）选择工具箱中的椭圆工具，按住 Shift 键在画布中绘制直径为 166 像素的正圆，将不透明度调整为 54%。选择工具箱中的 T 工具，切换为横排文字工具，输入卖点文字"01 改善斑点——恒久滋润养护"，选中"改善斑点"，设置字符参数，如图 7-35 所示，选中"——恒久滋润养护"，设置字符参数，如图 7-36 所示。将正圆与卖点文字图层选中后，按快捷键 Ctrl+G 创建群组，重命名为"卖点 1"。

图 7-33 设置矩形圆角参数

图 7-34 输入产品名称

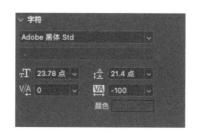

图 7-35 设置字符参数（5）

图 7-36 设置字符参数（6）

图 7-37 输入卖点信息

（16）将"卖点 1"组复制两份，在画布上依次向右平移 84 像素和 318 像素，依次修改卖点文字，完成"卖点 2"组和"卖点 3"组的制作，文字内容分别为"02 修护损伤——温润平和美肌"和"03 滋养肌底——提高皮肤护理"，效果如图 7-37 所示。

（17）观察整个画面，左下角有一些空，显得画面整体的重心不稳。选择工具箱中的 ▣ 工具，切换为横排文字工具，输入"立即抢购 >"，设置字符参数，如图 7-38 所示，并绘制下画线进行装饰。这样护肤品广告的设计就完成了，效果如图 7-39 所示。

图 7-38 设置字符参数（7）

图 7-39 护肤品广告设计完成效果

## 任务 3　中医馆名片设计

本任务主要介绍如何设计并制作中医馆名片。用户通过中医馆名片设计，能够了解清楚名片设计行业的标准知识与方法。

（1）名片设计尺寸。名片设计尺寸为 94mm×58mm（四边各含 2mm ～ 3mm 出血位）。

（2）名片成品大小。名片成品尺寸为 90mm×54mm；折卡或其他尺寸名片，在传输文件时请注明尺寸大小。

（3）当进行名片排版时，请将文字等内容放置于裁切线内 3mm，名片裁切后才更美观。

（4）名片样式。

名片样式包括横式名片（90mm×54mm）、竖式名片（54mm×90mm）、折叠名片（90mm×90mm 或 180mm×54mm）等。

（5）名片格式要求。

- CorelDRAW：保存为 CDR 格式，（使用 CorelDRAW 处理图像时，可以将矢量图转换为位图，位图分辨率为 350 像素）。

- Illustrator：保存为 EPS 格式（外挂影像文件）。

- Photoshop：保存为 TIF 格式或 JPG 格式，文件分辨率为 350 像素。

（6）颜色模式。

名片的颜色模式一般为 CMYK 颜色模式。

（7）如果名片的线条参数小于 0.076mm，则印刷时将无法显现，因此需要将线条参数设置不小于 0.076mm。

（8）名片的颜色透明度不能小于 8%，以免颜色无法显现。

### 操作步骤

（1）打开 Photoshop 窗口，选择"文件"→"新建"命令，在打开的"新建文档"对话框中设置相应的参数，如图 7-40 所示，单击"创建"按钮，得到定制的画布。需要注意的是，印刷品的分辨率一般为 300 像素，名片尺寸较小，为了保证文字的清晰度，将分辨率一般设置为 350 像素以上。

（2）选择工具箱中的画板工具绘制 58mm×94mm 的画板，得到"画板 1"，如图 7-41 所示，单击"画板 1"右侧的 ⊕ 按钮，新建"画板 2"，如图 7-42 所示。此时"中医馆名片设计"文件中包含两个画板,用于更加方便和直观地设计名片的正面和反面。创建这种画板适用于文件比较小的情况,如果文件较大,则会导致软件运行缓慢。

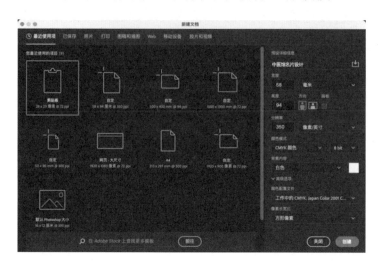

图 7-40 设置"新建文档"对话框中的参数

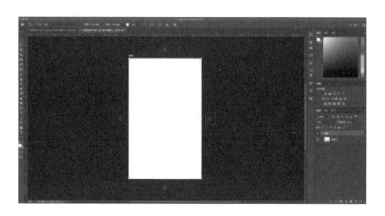

图 7-41 创建"画板 1"

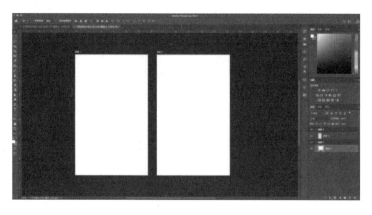

图 7-42 创建"画板 2"

(3)选择"视图"→"标尺"命令,激活标尺(快捷键 Ctrl+R),在"画板 1"和"画板 2"的四边距离 2mm 的位置分别创建辅助线(此辅助线就是出血线),如图 7-43 所示,围合区域为设计有效区域，围合区域之外是后期会裁切掉的部分，不能放置有效信息。

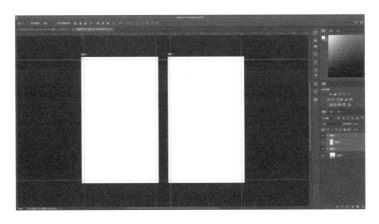

图 7-43　创建辅助线

（4）在"画板 1"中设计名片的正面。打开本任务配套素材文件"辅助图形"，将"辅助图形"图像拖动到"画板 1"中，调整其大小及位置，设置不透明度为 33%。单击图层面板中的下拉按钮，创建新的填充"纯色"，设置颜色为 RGB（215,171,116），选择"图层"→"创建剪贴蒙版"命令，将"辅助图形"图像的颜色更改为 logo 中的浅金色，如图 7-44 所示。

（5）打开本任务配套素材中的"logo1"图像，将"logo1"图像拖动到"画板 1"中，调整其大小及位置，将其放置在"画板 1"的左下角，如图 7-45 所示。

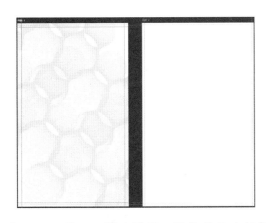

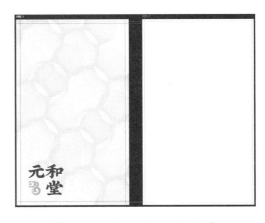

图 7-44　导入"辅助图形"图像并更改颜色　　　　图 7-45　导入"logo1"图像

（6）名片最重要的作用的是信息的传达，通过分层级的形式让信息的传达更加效率。选择工具箱中的工具，切换为横排文字工具，输入姓名"赵杰"，设置字体为方正清刻本悦宋简体，字号为 10 点，颜色为 # 134741，添加次要信息，输入姓名的英文"Jie Zhao"，设置字体为黑体，字号为 7 点，颜色为浅灰色（# 727171）。打开本任务配套素材中的"电话图标"图像，将"电话图标"图像拖动到"画板 1"中，调整其大小及位置，选择工具箱中的工具，切换为矩形选框工具，选中"电话图标"选框区域内的部分，单击图层面板中的按钮，创建区域蒙版，去掉选框。选择工具箱中的工具，切换为横排文字工具，输入电话号码"137-

0000-0310"，电话号码为名片上的重要信息，设置字号为9点，颜色为＃134741，如图7-46所示。需要注意的是，印刷品的正文字号一般为9～10点，该字号最适合阅读。书籍和报纸的正文字号一般都为9～10点，印刷品上的字号一般不小于4点，否则会印刷不清晰。

（7）选择工具箱中的 **T** 工具，切换为横排文字工具，输入其他辅助信息"主治医师Doctor-in-charge 元和堂中医馆 方城县裕州路广安路交会处向南50米路西"，设置颜色为浅灰色（＃727171），字号小于主要信息的字号，且大于4点，如图7-47所示。

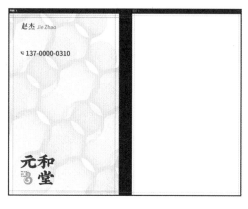

图 7-46　输入姓名和电话号码　　　　　　图 7-47　输入辅助信息

（8）现在的画面整体重心偏左，版式不稳，在右侧增加中医馆营业范围，美化版面。选择工具箱中的 **IT** 工具，切换为直排文字工具，输入"中医诊断·中药饮片·中医理疗"，设置字体为方正清刻本悦宋简体，字号为7点，颜色为＃134741，这样中医馆名片设计的正面设计完成，效果如图7-48所示。

（9）在"画板2"中设计名片的背面，单击图层面板中的 下拉按钮，创建新的填充"纯色"，设置颜色为＃134741。打开本任务配套素材中的"辅助图形"图像，将"辅助图形"图像拖动到"画板2"中，调整其大小及位置，将图层混合模式设置为"正片叠底"，不透明度设置为21%，效果如图7-49所示。

图 7-48　中医馆名片正面设计完成效果　　　图 7-49　制作名片背面的背景

（10）打开本任务配套素材中的"logo2"图像，将"logo2"图像拖动到"画板 2"中，调整其大小及位置，将其放置在"画板 2"的居中位置，如图 7-50 所示。

（11）选择工具箱中的 T 工具，切换为横排文字工具，输入营业时间"周一至五 09:00-12:30 14:00-21:30 周六、日 09:00-18:00"，设置"周一至周五"与"周六、日"的字体为方正清刻本悦宋简体，字号为 7 点，颜色为 # fad2a5，设置时间"09:00-12:30 14:00-21:30 09:00-18:00"的字体为方正清刻本悦宋简体，字号为 6 点，颜色为 # ffffff。在"周一至周五"与"周六、日"两个时间段中间绘制一条垂直线，效果如图 7-51 所示。

图 7-50　导入"logo2"图像　　　　图 7-51　输入营业时间与绘制垂直线

（12）打开本任务配套素材中的"电话图标"图像，将"电话图标"图像拖动到"画板 1"中，调整其大小及位置。单击图层面板中的 下拉按钮，创建新的填充"纯色"，设置颜色为 # fad2a5。选择"图层"→"创建剪贴蒙版"命令，将电话图标颜色更改为浅金色。选择工具箱中的 T 工具，切换为横排文字工具，输入电话"健康热线 0377 67555555"，按照信息的重要程度，设置"健康热线 0377"的字号为 6.5 点，"67555555"的字号为 14.5 点，效果如图 7-52 所示。

（13）选择工具箱中的 T 工具，切换为横排文字工具，输入"中医诊断中药饮片中医理疗"，设置字体为方正清刻本悦宋简体，字号为 6 点，颜色为 # fad2a5，这样中医馆名片设计的背面设计完成，效果如图 7-53 所示。

图 7-52　输入电话　　　　图 7-53　中医馆名片背面设计完成效果

## 任务 4　面部护理项目单页设计

本任务主要介绍面部护理项目单页设计。由于本设计涉及的主要对象是女性，因此采用浅色系的色彩。用户在设计过程中，可以根据所设计产品的类型、历史、功能等选择适当的色彩，还可以在生活中寻找真实的店面进行参考和借鉴。这里，将整个色调定位为浅粉色，并作为单页主色。用户通过学习本任务，能够对面部护理项目单页设计中的色彩搭配有更深的认识和理解。

### 操作步骤

（1）打开 Photoshop 窗口，选择"文件"→"新建"命令，在打开的"新建文档"对

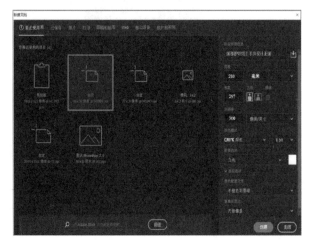

话框中设置相应的参数，如图 7-54 所示，单击"创建"按钮，得到"面部护理项目单页设计正面"的画布。需要注意的是，印刷品设计的图像一般分辨率设置为 300 像素，"颜色模式"设置为"CMYK 颜色"。

（2）选择工具箱中的 ✍ 工具，切换为钢笔工具，在画布上绘制路径，如图 7-55 所示。在路径上右击，并在弹出的快捷菜单中选择"建立选区"命令，将路径转换为选区，单击图层面板中的 ▣ 按钮，新建背景图层，设置前景色

图 7-54　设置"新建文档"对话框中的参数

为 #f9d7ce，按快捷键 Alt+Delete，使用前景色填充选区，如图 7-56 所示。

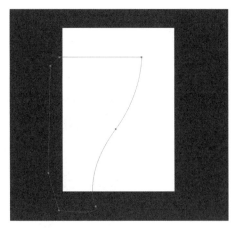

图 7-55　绘制路径（1）

图 7-56　使用前景色填充选区（1）

（3）打开本任务配套素材中的"底纹"图像，将"底纹"图像拖动到"面部护理项目单页设计正面"中，调整其大小及位置。选择"图层"→"创建剪贴蒙版"命令，将底纹图

层的混合模式设置为"颜色加深"，效果如图 7-57 所示。

（4）打开本任务配套素材中的"logo"图像，将"logo"图像拖动到"面部护理项目单页设计正面"中，调整其大小及位置，效果如图 7-58 所示。

 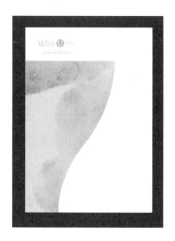

图 7-57　将"底纹"创建剪贴蒙版后的效果　　图 7-58　在画布左上角添加"logo"图像

（5）打开本任务配套素材中的"照片"图像，将"照片"图像拖动到"面部护理项目单页设计正面"中，调整其大小及位置，选择工具箱中的▣工具，切换为矩形选框工具，绘制矩形选区，如图 7-59 所示。单击图层面板中的▣按钮，添加蒙版，效果如图 7-60 所示。

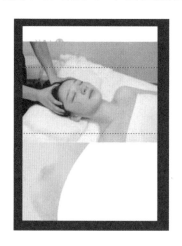 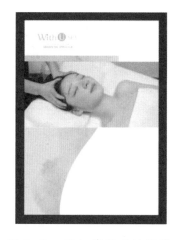

图 7-59　绘制矩形选区　　　　　　图 7-60　添加蒙版后的效果

（6）单击图层面板中的▣下拉按钮，创建新的调整图层"亮度 / 对比度"，设置相应的参数，如图 7-61 所示。选中亮度 / 对比度图层，选择"图层"→"创建剪贴蒙版"命令，如图 7-62 所示，增加"照片"的亮度。

（7）设置前景色为 #ffffff，选择工具箱中的▣工具，切换为渐变工具，选择"从前景色到透明渐变"。单击图层面板中的▣按钮，新建图层。选择"图层"→"创建剪贴蒙版"命令，从右上角到左下角拖动鼠标指针绘制渐变颜色，效果如图 7-63 所示。

（8）打开本任务配套素材中的"毛笔字体"图像，将"毛笔字体"图像拖动到"面部护理项目单页设计正面"中，调整其大小及位置，效果如图 7-64 所示。

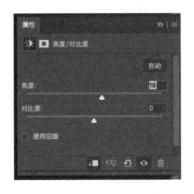

图 7-61　设置"亮度/对比度"参数　　　　　图 7-62　创建剪贴蒙版

图 7-63　绘制渐变颜色（1）　　　　　图 7-64　导入"毛笔字体"图像

（9）选择工具箱中的 **T** 工具，切换为横排文字工具，输入文字"With U 秉承'自然就是最好的'理念，还原肌肤最原始的美丽 我们深信植物护理是对肌肤最温和的护理，最棒的选择 使用本护理的所有朋友们都能感受到幸福，感受到真切的肌肤舒适和心情舒适 这是我们 With U 的最大愿望"，设置字符参数如图 7-65 所示。

（10）选择工具箱中的 **T** 工具，切换为横排文字工具，输入上述中文的英文翻译，两段文字之间绘制一条斜线进行分隔，效果如图 7-66 所示。

（11）为了丰富版式效果，在画面左侧绘制 3 个小圆圈，按大小递减，设置颜色为 #898989。在画面右下角绘制两个矩形，设置颜色为 #f9d7ce，完成面部护理项目单页正面设计，效果如图 7-67 所示。

（12）新建一个与面部护理项目单页正面设计同样规格的文件，进行面部护理项目单页背面设计，设置前景色为 #f9d7ce，选择工具箱中的 工具，切换为渐变工具，选择"从前景色到透明渐变"，单击图层面板中的 按钮，新建图层，拖动鼠标指针绘制渐变颜色，如图 7-68 所示。

图 7-65　设置字符参数

图 7-66　输入英文及绘制一条斜线

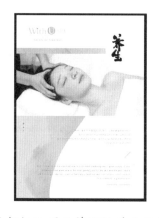

图 7-67　面部护理项目单页设计正面设计效果　　图 7-68　绘制渐变颜色（2）

（13）选择工具箱中的 工具，切换为钢笔工具，在画布上绘制如图 7-69 所示的路径。在该路径上右击，并在弹出的快捷菜单中选择"建立选区"命令，将路径转换为选区，单击图层面板中的 按钮，新建背景图层，设置前景色为 #f9d7ce，按快捷键 Alt+Delete，使用前景色填充选区，如图 7-70 所示。

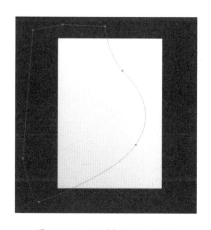

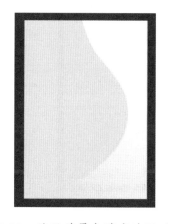

图 7-69　绘制路径（2）　　　　　图 7-70　使用前景色填充选区（2）

（14）打开本任务配套素材中的"logo"图像，将"logo"图像拖动到"面部护理项目单页设计背面"中，调整其大小及位置。选择工具箱中的 **T** 工具，切换为横排文字工具，输入文字"面部护理项目 Facial treatment program"，设置颜色为 #898989，效果如图 7-71 所示。

（15）选择工具箱中的 **⌀** 工具，切换为钢笔工具，在画布上绘制形状路径，在该路径上右击，并在弹出的快捷菜单中选择"建立选区"命令，将路径转换为选区，单击图层面板中的 **回** 按钮，新建产品背景图层，设置前景色为 # ffffff，按快捷键 Alt+Delete，使用前景色填充选区，如图 7-72 所示。

图 7-71　添加"logo"图像与输入文字　　　图 7-72　使用前景色填充选区（3）

（16）打开本任务配套素材中的"产品 1"图像，将"产品 1"图像拖动到"面部护理项目单页设计背面"中，调整其大小及位置。选择"图层"→"创建剪贴蒙版"命令，效果如图 7-73 所示。

（17）选择工具箱中的 **IT** 工具，切换为直排文字工具，根据素材中所提供的文案，输入相应文字，设置字号为 9 点，颜色为 #898989。需要注意的是，不能使用直排文字工具输入英文，应该使用横排文字工具输入英文后，顺时针旋转 90 度，如图 7-74 所示。

 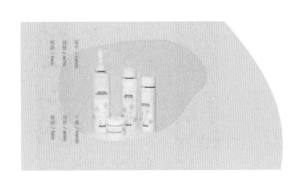

图 7-73　导入"产品 1"素材并创建剪贴蒙版后的效果　　　图 7-74　输入文字

（18）选择工具箱中的 **T** 工具，切换为横排文字工具，根据提供的文案输入"80 舒缓镇静护理"项目信息。通过字号、粗细、字体来区分信息的层级，将文字分为 3 个层级，第 1 层级为项目名称；第 2 层级为项目时间、项目售价；第 3 层级为项目介绍，效果如图 7-75 所示。

（19）使用同样的方法添加"99 滋润保湿护理"项目的产品图片、护理部位、困扰问题及项目信息，效果如图 7-76 所示。

（20）使用椭圆工具绘制 3 个小圆圈，设置颜色为 #d3b350，并列放置，作为"80 舒缓镇静护理"项目与"99 滋润保湿护理"项目的分割线，效果如图 7-77 所示。

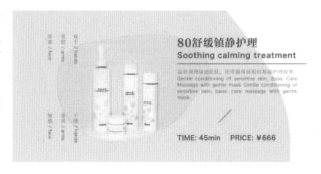

图 7-75　输入"80 舒缓镇静护理"项目信息

图 7-76　输入"99 滋润保湿护理"项目信息

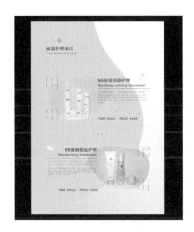

图 7-77　添加分割线

（21）当前版面右上角显得有些空，导致版式不平衡。打开本任务配套素材中的"毛笔字体"图像，将"毛笔字体"图像拖动到"面部管理项目单页设计背面"中，调整其大小及位置，平衡版面，完成面部护理项目单页背面设计，效果如图 7-78 所示。

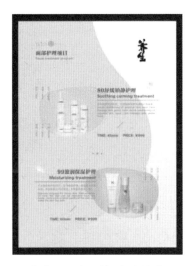

图 7-78　面部护理项目单页设计背面设计效果

## 任务 5  转动的时钟动画制作

利用 Photoshop 也可以制作简单的动画效果。本任务主要介绍如何制作转动的时钟动画，涉及多个工具和命令的使用，重点是时间轴面板的使用。本任务的制作有一定的难度，在制作动画前，脑海中就应该有预想的动画制作结果。

**操作步骤**

（1）打开 Photoshop 窗口，选择"文件"→"新建"命令，在打开的"新建文档"对

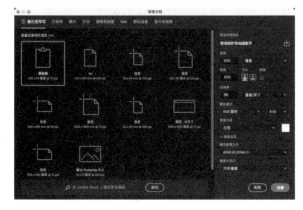

话框中设置相应的参数，如图 7-79 所示，单击"创建"按钮，得到"转动的时钟动画制作"画布。

（2）单击图层面板中的下拉按钮，创建新的填充"纯色"，设置颜色为 #514f4f。单击图层面板中的按钮，新建一个图层，并命名为"时钟外框"，选择工具箱中的工具，在画布上绘制如图 7-80 所示的矩形选区。选择工具箱中的工具，在属性栏中单击按钮，在打开的"渐变编辑器"对话框中编辑色标，如图 7-81

图 7-79  设置"新建文档"对话框中的参数

所示。其中，色标块颜色从左到右分别为 # 655c45、# ffffff、# 655c45。

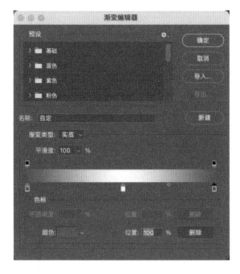

图 7-80  绘制矩形选区（1）

图 7-81  设置"渐变编辑器"对话框中的色标

（3）编辑好色标块颜色后，单击"确定"按钮，确认属性栏中的"线性渐变"按钮处于选中状态，拖动鼠标指针从左到右对选区填充线性渐变颜色，效果如图 7-82 所示。

（4）选择"选择"→"修改"→"收缩"命令，在打开的"收缩选区"对话框中输入收缩量为 7 像素，单击"确定"按钮，效果如图 7-83 所示。

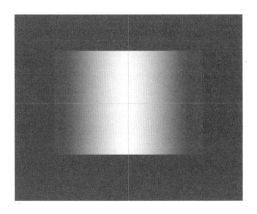

图 7-82  填充线性渐变颜色后的效果          图 7-83  矩形选区收缩修改后的状态

（5）按快捷键 Ctrl+C 将选区内的图像复制到剪贴板上，按快捷键 Ctrl+V 将剪贴板上的图像粘贴为一个新图层，即"图层 1"（也可以按快捷键 Ctrl+J 一次性完成）。双击"图层 1"，添加图层样式"斜面和浮雕"，在打开的"图层样式"对话框的"斜面和浮雕"选项区中设置斜面和浮雕样式的参数，如图 7-84 所示。设置完斜面和浮雕样式的参数后，单击"确定"按钮，效果如图 7-85 所示。

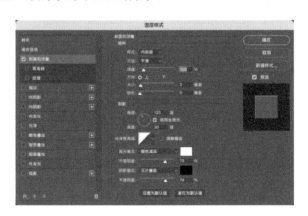

图 7-84  设置斜面和浮雕样式的参数（1）     图 7-85  添加斜面和浮雕样式后的效果（1）

（6）单击图层面板中的 ▣ 按钮，新建一个"图层 2"，按住 Ctrl 键，单击图层面板中的"图层 1"，载入"图层 1"的选区。选择"选择"→"变化选区"命令对该选区进行变换，将鼠标指针放在变换选区控制框的右上角，当鼠标指针呈 ↙ 形状时，按快捷键 Alt+Shift 向中心缩放选区，按 Enter 键确认选区变换，选区状态如图 7-86 所示。

（7）设置"前景色"为"# ffffff"，按快捷键 Alt+Delete 给选区填充前景色，按快捷键 Ctrl+D 取消选区。双击"图层 2"，添加图层样式"斜面和浮雕"，在打开的"图层样式"对话框中设置斜面和浮雕样式的参数，如图 7-87 所示。

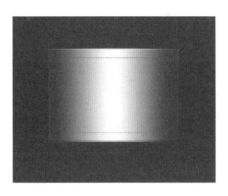

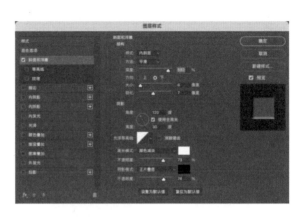

图 7-86　向中心缩放后的选区状态　　　图 7-87　设置斜面和浮雕样式的参数（2）

（8）设置完斜面和浮雕样式的参数后，单击"确定"按钮，效果如图 7-88 所示。在图层面板中选择"图层 1"，选择工具箱中的 工具，在画布上绘制路径，按快捷键 Ctrl+Enter 将绘制的路径转换为选区，如图 7-89 所示。

图 7-88　添加斜面和浮雕样式后的效果（2）　　　图 7-89　绘制路径并转换为选区

（9）单击图层面板中的 下拉按钮，创建新的调整图层"色相/饱和度"，设置相应的参数，如图 7-90 所示，效果如图 7-91 所示。

图 7-90　设置色相/饱和度的参数　　　图 7-91　调整色相/饱和度后的效果

（10）选择"选择"→"变化选区"命令，在选区上右击，并在弹出的快捷菜单中选择"垂直翻转"命令，按↓方向键向下移动选区至如图 7-92 所示的位置。

（11）按 Enter 键确认选区变换。采用同样的方法制作表盘下方的阴影，表盘上下阴影制作完成后的效果如图 7-93 所示。

图 7-92　向下移动垂直翻转后的选区位置　　图 7-93　表盘上下阴影制作完成后的效果

（12）单击图层面板中的 ▣ 按钮，新建一个"图层 3"。选择工具箱中的 ▦ 工具，在"图层 3"上绘制如图 7-94 所示的矩形选区，使用渐变工具从选区左边到右边填充渐变颜色，效果如图 7-95 所示，按快捷键 Ctrl+D 取消选区。

图 7-94　绘制矩形选区（2）　　　　图 7-95　填充渐变颜色后的效果

（13）双击"图层 3"，添加图层样式"斜面和浮雕"，在打开的"图层样式"对话框中设置斜面和浮雕样式的参数，如图 7-96 所示。

（14）按快捷键 Shift+Ctrl+Alt 向下移动复制出的"图层 3 拷贝 1"与"图层 3 拷贝 2"，在图层面板中选择"图层 3 拷贝 2"，给"图层 3 拷贝 1"与"图层 3"添加链接符，按快捷键 Ctrl+E 向下合并所有链接图层。按快捷键 Ctrl+J 复制生成"图层 3 拷贝 3"，选择工具箱中的 ✛ 工具，按 Shift 键拖动鼠标指针将"图层 3 拷贝 3"移动到相应的位置，效果如图 7-97 所示。

（15）选择工具箱中的 ▢ 工具，切换为矩形工具，在画布上绘制矩形，如图 7-98 所示，并设置矩形外观的参数，如图 7-99 所示。

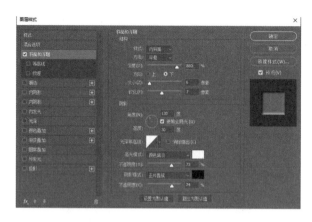

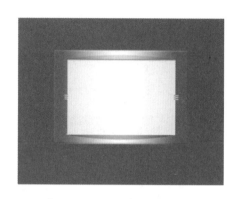

图 7-96　设置斜面和浮雕样式的参数（3）　　图 7-97　移动"图层 3 拷贝 3"位置后的效果

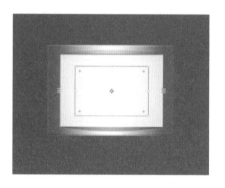

图 7-98　绘制矩形　　　　　　　图 7-99　设置矩形外观的参数

（16）按快捷键 Ctrl+J 复制矩形图层，按快捷键 Ctrl+T 对矩形进行变换，将鼠标指针放在变换选区控制框的右上角，当鼠标指针呈 形状时，按快捷键 Alt+Shift 向中心缩放选区，按 Enter 键确认选区变换，在属性面板中将矩形的描边修改为 2 像素，效果如图 7-100 所示。

（17）按快捷键 Ctrl+R 打开标尺显示，在画布上绘制当前选区的中心辅助线，效果如图 7-101 所示，按快捷键 Ctrl+R 隐藏标尺显示。

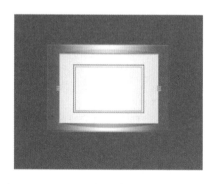

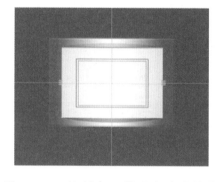

图 7-100　矩形选区中心缩放后的效果　　图 7-101　绘制中心辅助线后的效果

（18）单击图层面板中的 按钮，新建一个"图层 5"。选择工具箱中的 工具，在画布上绘制如图 7-102 所示的选区。按快捷键 Alt+Delete 给选区填充前景色，按快捷键 Ctrl+D

取消选区，按快捷键 Ctrl+";"隐藏辅助线。

（19）按快捷键 Ctrl+J 复制生成"图层 5 拷贝"，确认复制生成的"图层 5 拷贝"处于选中状态，按快捷键 Ctrl+T 对"图层 5 拷贝"进行自由变换编辑。在属性栏的角度变换框中输入旋转角度为 10 度，效果如图 7-103 所示。

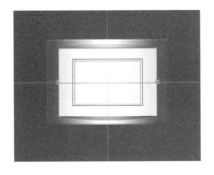
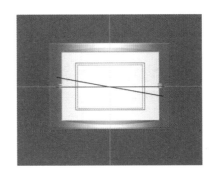

图 7-102　绘制选区　　　　图 7-103　"图层 5 拷贝"旋转 10 度后的效果

（20）按 Enter 键确认自由变换，按快捷键 Ctrl+J 复制生成"图层 5 拷贝 2"，确认复制生成的"图层 5 拷贝 2"处于选中状态，按快捷键 Ctrl+T 对"图层 5 拷贝 2"进行自由变换编辑。在属性栏的角度变换框中输入旋转角度为 10 度。按快捷键 Ctrl+E 合并所有矩形条得到"图层 5"，效果如图 7-104 所示。

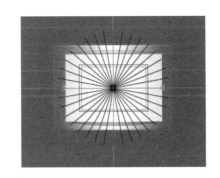

（21）按住 Ctrl 键，单击矩形图层缩览图，创建选区，如图 7-105 所示。按快捷键 Ctrl+Shift+I 反选选区，选中"图层 5"，删除选区内的图像，效果如图 7-106 所示。

图 7-104　复制并旋转后的矩形条效果

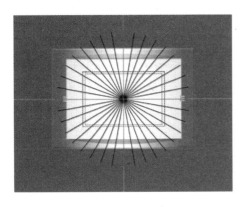
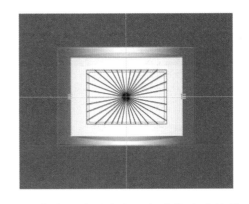

图 7-105　创建选区　　　　图 7-106　反选选区并删除选区内图像后的效果

（22）按住 Ctrl 键，单击中心缩放后矩形图层缩览图，创建选区，选中"图层 5"，删除选区内的图像，效果如图 7-107 所示。

（23）选择工具箱中的 T 工具，在画布上输入如图 7-108 所示的文字（文字的字体由用户选择），按快捷键 Ctrl+Enter 结束文字的输入。

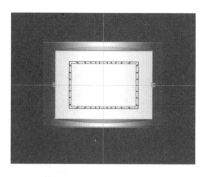

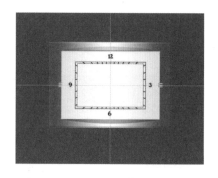

图 7-107　创建选区并删除选区内图像后的效果　　　　图 7-108　输入文字后的效果

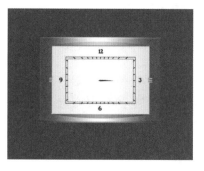

图 7-109　绘制时针

（24）单击图层面板中的 ⊞ 按钮，新建一个图层，并命名为"时针"。选择工具箱中的 ⌀ 工具，在画布上绘制路径作为动态指针的时针形状。设置前景色为 # 000000，按快捷键 Ctrl+Enter 将路径转换为选区，按快捷键 Alt+Delete 给选区填充前景色，效果如图 7-109 所示。

（25）双击时针图层，添加图层样式"斜面和浮雕"与"内阴影"，设置相应的参数，如图 7-110 所示。

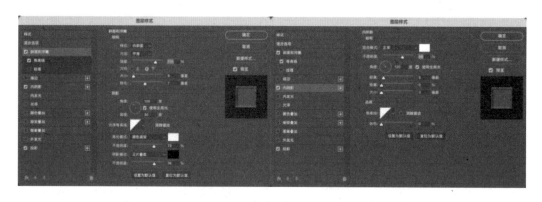

图 7-110　设置斜面和浮雕样式与内阴影样式的参数

（26）选择工具箱中的 ⊡ 工具，以辅助线交叉点为圆心，按快捷键 Alt+Shift，拖动鼠标绘制正圆选区，新建"时针下层圆盘"图层，设置前景色为 # ffffff，按快捷键 Alt+Delete 给选区填充前景色，效果如图 7-111 所示。

（27）选中时针下层圆盘图层，将图层填充设置为 0%，选中"时针"与"时针下层圆盘"两个图层，右击，在弹出的快捷菜单中选择"转换为智能对象"命令，至此，时针制作完成，效果如图 7-112 所示。在自由变换状态下，时针的轴心保持在辅助线交叉处，方便后期制作时针的转动动画。

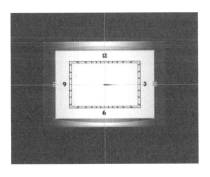

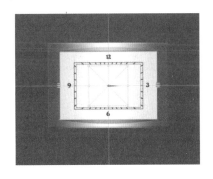

图 7-111　新建时针下层圆盘图层　　　　图 7-112　时针制作完成后的效果

（28）按照时针制作方法，制作分针和秒针，效果如图 7-113 所示。

（29）选择"窗口"→"时间轴"命令，激活时间轴面板，如图 7-114 所示。时间轴面板左侧显示各个图层，与图层面板对应，右侧显示时间轴，为制作动画效果的区域，在左侧找到"秒针"、"时针"与"分针" 3 个图层，为制作动画做好准备。

图 7-113　分针和秒针制作完成后的效果

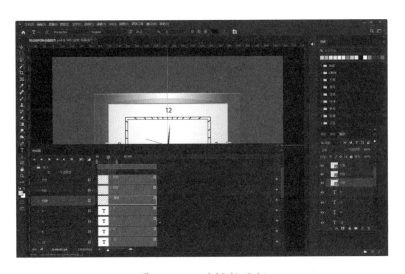

图 7-114　时间轴面板

（30）单击时间轴面板中"秒针"左侧的▶按钮，在 00 位置单击"变换"前方的▶按钮，创建关键帧，按快捷键 Ctrl+T 自由变换，分别在 01:00f、02:00f 和 03:00f 位置旋转"秒针"，自动记录下 3 个关键帧。单击时间轴面板中的▶按钮，预览动画，"秒针"转动一周，效果如图 7-115 所示。

（31）单击时间轴面板中"分针"左侧的▶按钮，在 00 位置单击"变换"前方的▶按钮，创建关键帧，按快捷键 Ctrl+T 自由变换，在 03:00f 位置旋转"分针"，使"分针"转动一个小格，自动记录下一个关键帧，单击时间轴面板中的▶按钮，预览动画，"分针"转动一格，效果如图 7-116 所示。

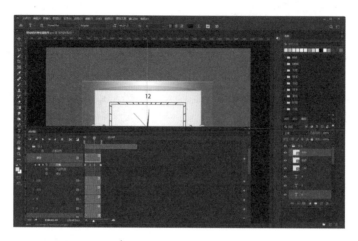

图 7-115　秒针图层的 4 个关键帧

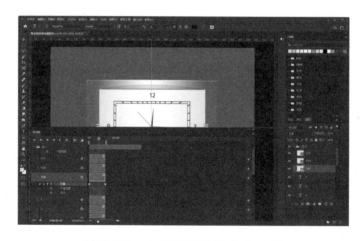

图 7-116　分针图层的两个关键帧

（32）选择"文件"→"导出"→"存储为 Web 所用格式"，打开"存储为 Web 所用格式"对话框，设置导出格式为"GIF"，其他参数设置如图 7-117 所示，单击"存储"按钮，即可得到一张指针转动的 GIF 图片，这样转动的时钟就制作完成了。

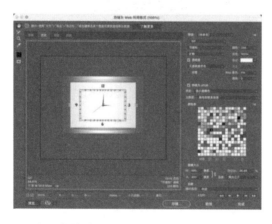

图 7-117　设置"存储为 Web 所用格式"对话框中的其他参数

## 任务 6　故障风文字效果

本任务主要介绍如何制作故障风文字效果。故障风特效文字是通过动感模糊和图层样式组合而成的，在制作时需要注意图层样式的细节调整。

操作步骤

（1）打开 Photoshop 窗口，选择"文件"→"新建"命令，在打开的"新建文档"对话框中设置相应的参数，如图 7-118 所示，单击"创建"按钮，得到"故障风文字效果"的画布。

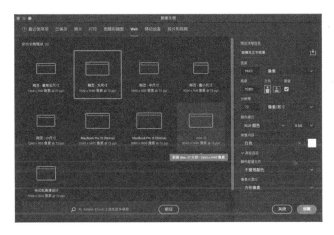

图 7-118　设置"新建文档"对话框中的参数

（2）单击图层面板中的 下拉按钮，创建新的填充"纯色"，设置颜色为 #000000，作为背景图层。选择工具箱中的 工具，切换为横排文字工具，输入文字"design"，调整其大小及位置，用户选择自己喜欢的字体即可，效果如图 7-119 所示。

（3）选择"编辑"→"自由变换"命令，按快捷键 Ctrl+Shift，拖动上方中间的节点制作文字倾斜效果，如图 7-120 所示。

图 7-119　输入文字　　　　　　　图 7-120　制作文字倾斜效果

（4）选中"design"文字图层后右击，在弹出的快捷菜单中选择"栅格化文字"命令。选择工具箱中的 工具，绘制如图 7-121 所示的矩形选区。按快捷键 Ctrl+Shift+J，将选区内的图像剪切到新的图层，重命名为"文字上"，并将该图层向右移动 15 像素，如图 7-122 所示。

图 7-121　绘制矩形选区　　　　　　图 7-122　向右移动文字上图层

（5）采用同样的方法，选中文字的下部，剪切到新的图层后，重命名为"文字下"。得到文字错位效果，如图 7-123 所示。

（6）先选中文字上图层，再选择"滤镜"→"风格化"→"风"命令，打开"风"对话框，设置相应的参数，如图 7-124 所示。先选中 design 图层，再选择"滤镜"→"风格化"→"风"命令，打开"风"对话框，设置方向为"从左"。采用同样的方法处理文字下图层，设置方向为"从右"，效果如图 7-125 所示。

图 7-123　文字错位效果

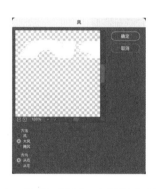

图 7-124　设置"风"对话框中的参数　　　　图 7-125　添加"风"滤镜后的文字效果

（7）选中"文字上"、"文字下"与"design"3 个图层后右击，在弹出的菜单中选择"转化为智能对象"命令。将智能对象重命名为"特效文字"。双击该图层添加两个"内阴影"样式，设置相应的参数，如图 7-126 所示。

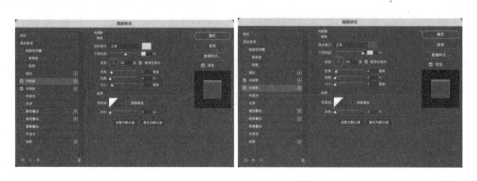

图 7-126　设置两个内阴影样式的参数

（8）按快捷键 Ctrl+J，复制特效文字图层。双击特效文字拷贝图层，添加图层样式"颜色叠加"，设置相应的参数，如图 7-127 所示。选择"滤镜"→"模糊"→"动感模糊"命令，打开"动感模糊"对话框，设置相应的参数，如图 7-128 所示。

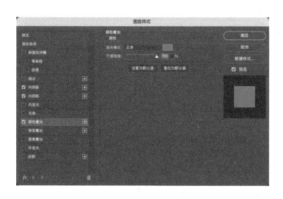 

图 7-127　设置颜色叠加样式的参数（1）　　图 7-128　设置"动感模糊"对话框中的参数

（9）将特效文字拷贝图层移动到特效文字图层下方，向右移动，效果如图 7-129 所示。按快捷键 Ctrl+J，复制文字特效拷贝图层，双击复制的图层，并修改图层样式"颜色叠加"，设置相应的参数，如图 7-130 所示。

 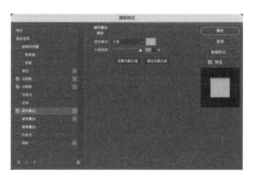

图 7-129　移动图层后的效果　　　　图 7-130　设置颜色叠加样式的参数（2）

（10）单击"确定"按钮，故障风文字效果就制作完成了，效果如图 7-131 所示。

图 7-131　故障风文字制作完成后的效果

## 任务 7　弥散文字模糊效果

本任务主要介绍如何制作弥散文字模糊效果。弥散文字模糊效果是通过"模糊画廊"、"液化"与"渐变映射"等滤镜制作的，成品效果颜色丰富、时尚，应用于海报设计中能极大提升视觉感。

操作步骤

（1）打开 Photoshop 窗口，选择"文件"→"新建"命令，在打开的"新建文档"对话框中设置相应的参数，如图 7-132 所示，单击"创建"按钮，得到"弥散文字模糊效果"的画布。

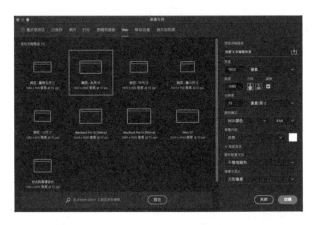

图 7-132　设置"新建文档"对话框中的参数

（2）单击图层面板中的 下拉按钮，创建新的填充"纯色"，设置颜色为 #000000，作为背景图层。选择工具箱中的 按钮，切换为横排文字工具，输入文字"DESIGN"，调整其大小及位置，用户选择自己喜欢的字体即可，如图 7-133 所示。

（3）选中 DESIGN 图层后右击，在弹出的快捷菜单中选择"转化为智能对象"命令。选择"滤镜"→"液化"命令，打开"液化"对话框，对文字进行变形处理，设置相应的参数，如图 7-134 所示，单击"确定"按钮。

图 7-133　输入文字

图 7-134　设置"液化"对话框中的参数

（4）选择"滤镜"→"模糊画廊"→"场景模糊"命令，对文字进行模糊处理，单击鼠标左键添加控制点，按住鼠标左键在控制点外层的圆圈上滑动，调整模糊数值，多添加几个控制点，如图 7-135 所示。

图 7-135　场景模糊调整界面

（5）选择"滤镜"→"扭曲"→"波浪"命令，打开"波浪"对话框，对文字进行整体变形，设置相应的参数，如图 7-136 所示。此时 DESIGN 图层中已有 3 个智能滤镜，如图 7-137 所示。

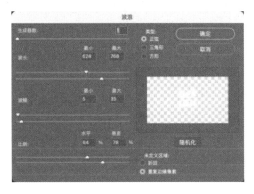

图 7-136　设置"波浪"对话框中的参数　　图 7-137　DESIGN 图层中的 3 个智能滤镜

（6）单击图层面板中的回按钮，新建一个图层，设置前景色为 #9fa0a0，使用前景色填充整个图层。选择"滤镜"→"杂色"→"添加杂色"命令，打开"添加杂色"对话框，设置相应的参数，如图 7-138 所示，单击"确定"按钮。

（7）选中杂色图层，将图层混合模式调整为"叠加"，效果如图 7-139 所示。

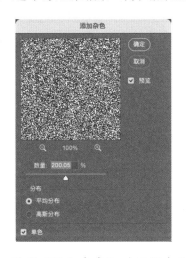

图 7-138　设置"添加杂色"对话框中的参数

图 7-139　将杂色图层的混合模式
调整为"叠加"后的效果

（8）单击图层面板中的◐下拉按钮，创建新的调整图层"渐变映射"，双击该图层缩览图，在弹出的属性面板中单击渐变色区域，打开"渐变编辑器"对话框，设置相应的参数，如图 7-140 所示。单击"确定"按钮，效果如图 7-141 所示。

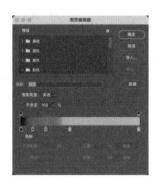

图 7-140　设置"渐变编辑器"对话框中的参数　　　　图 7-141　添加渐变映射后的效果

（9）选中当前的所有图层，按快捷键 Ctrl+G，创建"组 1"。打开本任务配套素材中的"背景"图像，将"背景"图像拖动到"弥散文字模糊效果"文件中，调整其大小及位置。将"组 1"的图层混合模式调整为"滤色"，效果如图 7-142 所示。

（10）选择工具箱中的 T 工具，切换为横排文字工具，输入文字"PHOTOSHOP CC 2021"，丰富画面，弥散文字模糊效果就制作完成了，效果如图 7-143 所示。

图 7-142　将"组 1"的图层混合模式　　　　图 7-143　弥散文字模糊效果制作完
　　　调整为"滤色"后的效果　　　　　　　　　成后的效果

## 任务 8　塑料泡泡字体效果

本任务主要介绍如何制作塑料泡泡字体效果。塑料泡泡字体效果是通过"斜面和浮雕"、"内阴影"、"光泽"和"投影"等图层样式制作的，可以模拟透明塑料材质的充气效果，增强立体感。

**操作步骤**

（1）打开 Photoshop 窗口，选择"文件"→"新建"命令，在打开的"新建文档"对话框中设置相应的参数，如图 7-144 所示，单击"创建"按钮，得到"塑料泡泡字体效果"的画布。

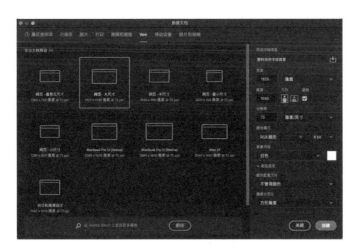

图 7-144　设置"新建文档"对话框中的参数

（2）选择工具箱中的 <img> 工具，切换为画笔工具，在画布上右击，设置画笔参数，如图 7-145 所示，将画笔调整为柔边的大画笔直径。

（3）分别设置前景色为 #e6b2e9 和 fcdfbb，涂抹出背景，如图 7-146 所示。

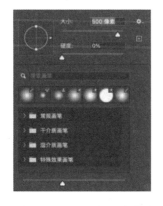

图 7-145　设置画笔参数　　　　　　　图 7-146　涂抹出背景

（4）选择工具箱中的 <img> 工具，切换为矩形选框工具，在画布中绘制一个高度为 2 像素的细矩形条，使用前景色 #ffffff 填充选区，效果如图 7-147 所示。依次按快捷键 Ctrl+J 复制图层，按快捷键 Ctrl+T 调出调整框后，向下移动一定的距离，按 Enter 键确定，按快捷键 Ctrl+Shift+Alt+T 以相同间距复制图层，直到矩形条铺满画布，如图 7-148 所示。

图 7-147　绘制细矩形条　　　　　　　图 7-148　矩形条铺满画布

（5）使用上面同样的方法绘制竖向矩形条，组成网格状背景效果。全选所有矩形条图层，按快捷键 Ctrl+G 创建"组 1"，将"组 1"的不透明度调整为 55%，效果如图 7-149 所示。

（6）选择工具箱中的 T 工具，切换为文字工具，输入文字"Q"，调整其大小及位置，用户选择自己喜欢的字体即可，效果如图 7-150 所示。

图 7-149　网格状背景效果　　　　　　　图 7-150　输入文字

（7）双击 Q 图层，在打开的"图层样式"对话框的"混合选项"选项区中，设置"填充不透明度"为"0%"，如图 7-151 所示。依次勾选图层样式"斜面和浮雕"复选框、"等高线"复选框、"内阴影"复选框、"光泽"复选框与"投影"复选框，设置相应的参数，如图 7-152 ～图 7-154 所示。

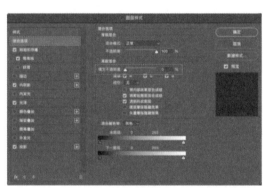
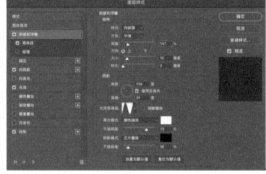

图 7-151　设置"填充不透明度"为"0%"　　图 7-152　设置斜面和浮雕样式的参数

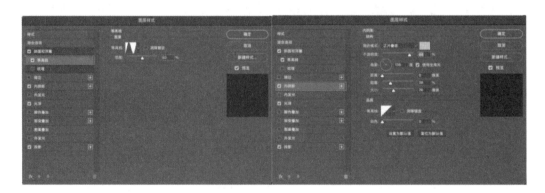

图 7-153　设置等高线样式、内阴影样式的参数

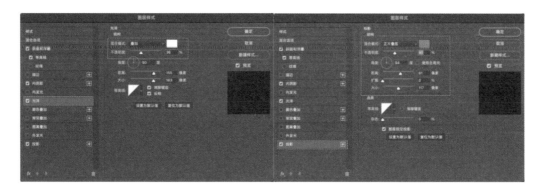

图 7-154　设置光泽样式、投影样式的参数

（8）单击"确定"按钮，图层样式组合效果如图 7-155 所示。

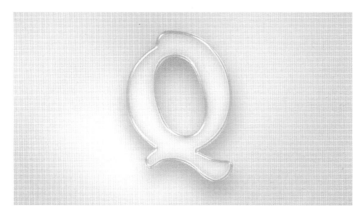

图 7-155　图层样式组合效果

（9）按快捷键 Ctrl+J 复制 Q 图层，关闭除"斜面和浮雕"外其他效果的可视化，如图 7-156
所示。双击 Q 拷贝图层修改斜面和浮雕样式的参数，如图 7-157 所示。

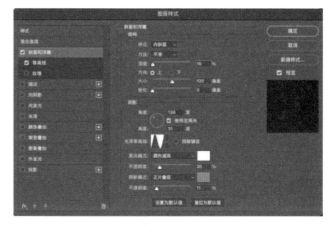

图 7-156　关闭除"斜面和浮雕"外其他效果的可视化　　图 7-157　修改斜面和浮雕样式的参数

（10）按快捷键 Ctrl+J 复制 Q 拷贝图层，加强反光效果，这样塑料泡泡字体效果就完成了，
效果如图 7-158 所示。

223

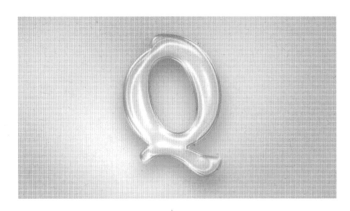

图 7-158　塑料泡泡字体制作完成的效果

# 课后训练 7

1. 制作完成每个任务，并根据所完成的任务进行举一反三训练。

2. 任务 5 中的动态时钟是利用什么原理来实现运动效果的？尝试制作文字闪动的动画。

# 项目 8
# Photoshop 操作技巧

项目要点

◆ 掌握工具的快捷键及各任务中的操作技巧。

思政要求

◆ 培养认真严谨、精益求精、力争完美的工匠精神。

◆ 发挥职业优势，弘扬真善美的社会使命感与责任感。

Adobe 公司在 Photoshop 每个版本升级时都会新增部分绘图功能。对于平面设计师来说，当 Photoshop 某个新的功能模块出现时，就要学会尝试使用，以使设计的作品具有精彩的效果。因此，掌握 Photoshop 的各种操作技巧也显得十分重要。

# 任务 1　工具箱使用技巧

## 1. 选择工具的快捷键

用户可以通过按快捷键来快速选择工具箱中的某一个工具。表 8-1 所示为各个工具的快捷键。

表 8-1　各个工具的快捷键

| 工具 | 快捷键 | 工具 | 快捷键 | 工具 | 快捷键 |
|---|---|---|---|---|---|
| 选框工具 | M | 移动工具 | V | 套索工具 | L |
| 魔棒工具 | W | 画笔工具 | B | 修复画笔工具 | J |
| 仿制图章工具 | S | 吸管工具 | I | 橡皮擦工具 | E |
| 模糊工具 | R | 减淡工具 | O | 选区模式工具 | Q |
| 文字工具 | T | 渐变工具 | G | 历史记录画笔工具 | Y |
| 抓手工具 | H | 缩放工具 | Z | 默认前景色和背景色 | D |
| 裁剪工具 | C | 钢笔工具 | P | 屏幕显示模式工具 | F |
| 路径选择工具 | A | 注释工具 | I | 切换前景色和背景色 | X |
| 切片工具 | C | 形状工具 | U | | |

另外，如果先按住 Alt 键，再单击显示的工具按钮，或者按 Shift 键并重复按快捷键，则可以循环切换并选择隐藏的工具。

**2．获得精确光标**

按 CapsLock 键可以使画笔和磁性套索工具的光标显示为精确十字线，再按一次可恢复原状。

**3．显示或隐藏面板**

按 Tab 键可切换显示或隐藏所有的面板和工具箱，如果按快捷键 Shift+Tab，则工具箱不受影响，只显示或隐藏其他面板。图 8-1 所示为按 Tab 键隐藏所有面板和工具箱。图 8-2 所示为按快捷键 Shift+Tab 隐藏面板。

图 8-1　按 Tab 键隐藏所有面板和工具箱　　　　图 8-2　按快捷键 Shift+Tab 隐藏面板

**4．快速恢复默认值**

有些不擅长使用 Photoshop 的用户为了调整出满意的效果真是几经周折，结果发现还是原来默认的效果最好。此时，只要选择"窗口"→"工作区"→"复位基本功能"命令，即可恢复如初，如图 8-3 所示。

图 8-3　选择"复位基本功能"命令

### 5. 自由控制图像视窗大小

缩放工具的快捷键为 Z，此外快捷键 Ctrl+Space 为放大工具，快捷键 Alt+Space 为缩小工具，但是要配合单击鼠标才可以缩放；按快捷键 Ctrl+ "+" 及快捷键 Ctrl+ "-" 也可以放大或缩小图像视窗；按快捷键 Ctrl+0 可以使放大或缩小后的图像以填满画布的方式显示；按快捷键 Ctrl+Alt+ "+" 和快捷键 Ctrl+Alt+ "-" 可以自动调整窗口以满屏缩放的方式显示。使用缩放工具可以让图片在任何情况下都能全屏浏览，如果想要在使用缩放工具时按照图片的大小自动调整窗口，则可以在缩放工具的属性栏中选择 "满画布显示" 选项。另外，还有一种最方便的方法是按住 Alt 键的同时滚动鼠标滚轮，即可对图像进行随意缩放。

### 6. 使用抓手工具与缩放工具调整显示比例

当使用非抓手工具时，按 Space 键后可以转换为抓手工具，即可移动视窗内图像的可见范围。在抓手工具上双击可以使图像以最佳比例显示，如图 8-4 所示。在缩放工具上双击可以使图像以 1 ∶ 1 的比例显示，如图 8-5 所示。

图 8-4　在抓手工具上双击以最佳比例显示图像　　图 8-5　在缩放工具上双击以 1 ∶ 1 的比例显示图像

### 7. 恢复到指定步骤

在使用橡皮擦工具 时，按 Alt 键即可将橡皮擦功能恢复到指定的步骤记录状态。

### 8. 前景色的涂抹

在使用涂抹工具 时，按 Alt 键即可由单纯涂抹变成用前景色涂抹。

### 9. 选取蒙版文字

如果想要移动使用横排或直排文字蒙版工具 输入的文字选取范围，则可以先切换为快速蒙版模式（相当于按 Q 键），再进行移动，完成后只要再切换回标准模式即可。

### 10．设定视窗取样位置

按住 Alt 键，使用仿制图章工具，在任意打开的图像视窗内单击，即可在该视窗内设定取样位置，而不会改变作用的视窗。

### 11．图像的微调

在使用移动工具时,可以按↑、↓、←、→方向键直接以1像素的距离移动图层上的图像,如果先按住 Shift 键，再按↑、↓、←、→方向键，则以 10 像素的距离移动图像。如果按住 Alt 键拖动选区，则复制选区内的图像。

### 12．调整采样宽度

在使用磁性套索工具或自由钢笔工具时，按"["键或"]"键可以实时增加或减少采样宽度。

### 13．角度与长度的度量

使用标尺工具在测量距离时会十分便利，特别是在测量斜线时，也可以用它来量角度。在信息面板可视的前提下，选择标尺工具，在画布上单击并拖出一条直线，按住 Alt 键从第一条直线的节点上再拖出第二条直线，这样两条线之间的角度与线的长度都能显示在信息面板上，如图 8-6 所示。利用测量工具拖动可以移动测量线（也可以只单独移动测量线的一个节点），把测量线拖动到画布以外就可以将其删除。

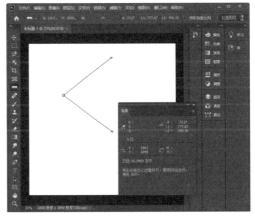

图 8-6　标尺工具测量两条线之间的角度与线的长度

### 14．连接直线

在使用绘画工具（如画笔工具、钢笔工具等）时按住 Shift 键，单击鼠标左键，可以将两次单击不同位置的点以直线连接。

### 15．颜色取样

按住 Alt 键用吸管工具选取颜色即可定义当前背景色。通过颜色取样器工具（按两次快捷键 Shift+I 切换）和信息面板监视当前图片的颜色变化。变化前后的颜色值显示在信息面板上取样编号的旁边。通过信息面板上的下拉列表可以定义取样点的颜色模式。想要增加新取样点只需用颜色取样器工具在画布上再单击即可，按住 Alt 键单击可以除去取样点。但一张图片上最多只能放置 4 个颜色取样点。当在 Photoshop 中打开对话框（如"色阶"对话框）时，想要增加新的取样点必须按住 Shift 键再单击，按快捷键 Alt+Shift 的同时单击可以减去一个取样点。

### 16. 图像的精确裁剪

在使用裁剪工具 ▣ 调整裁剪框时，如果裁剪框接近图像边界，则裁剪框会自动粘贴到图像的边缘上，无法精确裁剪图像。但在调整裁剪框时只要按住 Ctrl 键，裁剪框就能实现精确裁剪了，如图 8-7 所示。

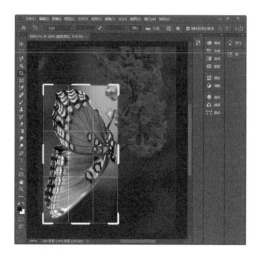

图 8-7    按住 Ctrl 键可实现精确裁切图像

## 任务 2    复制技巧

在图像处理或广告设计时，用户熟练掌握一些复制技巧往往可以达到事半功倍的效果，提高工作效率。

（1）按快捷键 Ctrl+Alt 后，拖动鼠标指针可以移动复制当前图层或选区内容，如图 8-8 所示。如果复制了一张图片并存储在剪贴板中，则 Photoshop 在新建文件（按快捷键 Ctrl+N）时会以剪贴板中图片的尺寸作为新建文件的默认尺寸。如果想要跳过这个设置而使用上一次的设置，则只要在新建文件时按快捷键 Ctrl+Alt+N 即可。

（2）在使用自由变换工具（按快捷键 Ctrl+T 调出）时，按快捷键 Ctrl+Alt+T 可以先复制原图层（在当前的选区）后再在复制图层上进行变换。按快捷键 Ctrl+Shift+T 可以再次执行上次的变换，按快捷键 Ctrl+Alt+Shift+T 可以复制原图片后再执行变换。

（3）选择"通过复制新建层（按快捷键 Ctrl+J）"命令或"通过剪切新建层（按快捷键 Shift+Ctrl+J）"命令，可以在一步之间完成复制到粘贴或剪切到粘贴的工作。通过复制（剪切）新建图层粘贴时，图像仍会被放置在它们原来的地方；通过复制（剪切）再粘贴，图像就会被放置到图片或选区的中心。

（4）如果想要直接复制图像而不希望出现对话框，如图 8-9 所示，则可以先按住 Alt 键，再执行"图像"→"复制"命令。

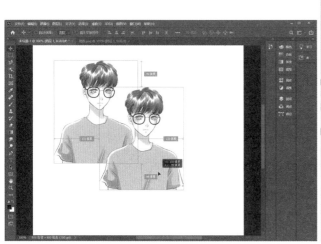

图 8-8　按快捷键 Ctrl+Alt 快速复制图像　　　　图 8-9　直接复制图像所出现的对话框

（5）Photoshop 的剪贴板很好用，如果想要直接使用 Windows 剪贴板处理从屏幕上截取的图像，则可以按快捷键 Ctrl+K，在打开的"首选项"对话框中勾选"导出剪贴板"复选框即可，如图 8-10 所示。

图 8-10　勾选"导出剪贴板"复选框

（6）在 Photoshop 实现有规律的复制。在做版面设计时，通常会把某些元素进行有规律的摆放，以寻求一种形式美感。在 Photoshop 中通过以下方法就可以实现这种效果。利用选区框选要复制的图像，按快捷键 Ctrl+J 产生一个浮动图层；旋转并移动浮动图层到适当位置后确认，此时按住快捷键 Ctrl+Alt+Shift 后连续按 T 键就可以有规律地复制连续的图像，而按住快捷键 Ctrl+Shift 只是进行有规律的移动。

（7）当要复制文件中的选择对象时，可以选择"编辑"→"拷贝"命令。如果想要多次复制，则可以先用选框工具■和套索工具○等选定对象，再单击移动工具■，再按住 Alt 键不放，当鼠标指针变成一黑一白重叠在一起的两个箭头时，将鼠标指针拖动到所需位置即可。

（8）可以用选框工具■或套索工具○，将选区从一个文档拖到另一个文档中。

（9）为当前历史状态或快照创建一个复制文档可以按以下方法进行操作。

单击"从当前状态创建新文档"按钮，从历史面板中选择新文档；拖动当前状态或新快照到"从当前状态创建新文档"按钮上；单击所要的状态或快照，从弹出的快捷菜单中选择新文档，把历史状态中当前图片的某一历史状态拖动到另一个图片的窗口可以改变目标图片的内容；按住 Alt 键，单击任一历史状态（除了当前的、最近的状态）并复制它，被复制的状态就变为当前（最近的）状态；按住 Alt 键，拖动动作中的步骤可以将其复制到另一个动作中。

# 任务 3　选择技巧

图像的选取有许多操作方法，除了使用工具选项或菜单命令来实现，还可以使用以下操作方法来实现。

（1）当把选区或图层从一个文档拖动到另一个文档时，按住 Shift 键可以使其在目标文档上居中。如果源文档和目标文档的大小相同，则被拖动的图像会被放置在与源文档位置相同的地方，而不是放置在画布的中心。如果目标文档包含选区，则所拖动的图像会被放置在选区的中心。

（2）选择工具箱中的画笔类工具，在随后显示的属性栏中单击画笔标签右侧的下拉按钮，在弹出的下拉列表中选择"载入画笔"选项，并在 Photoshop 目录的 Brushes 文件夹中选择 *.abr，就会在画笔列表中看到相应的工具。

（3）如果想要选择两个选区相交的部分，则可以在已有的任意一个选区的旁边按快捷键 Shift+Alt，拖动鼠标指针绘制第二个选区（十字形鼠标指针旁边出现一个乘号，表示重合的区域将被保留），如图 8-11 所示。

（4）在选区中删除正方形或圆形的操作方法，首先任意绘制一个选区，然后在该选区内，按住 Alt 键拖动矩形选框工具或椭圆选框工具。松开 Alt 键，按住 Shift 键，拖动到需要位置，松开鼠标左键后松开 Shift 键。

（5）从中心向外删除一个选区，可以在任意一个选区内，按住 Alt 键拖动矩形选框工具或椭圆选框工具，松开 Alt 键后再一次按住 Alt 键，最后松开鼠标左键，再松开 Alt 键。

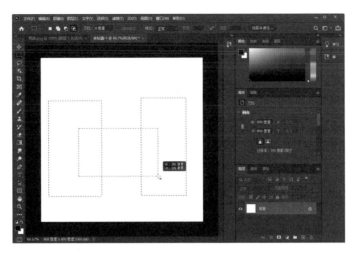

图 8-11　选区相交

（6）在使用选框工具时，按住 Shift 键可以绘制正方形和正圆的选区，按住 Alt 键将以起始点为中心绘制选区。

（7）在使用套索工具绘制选区时，按住 Alt 键可以在套索工具和多边形套索工具之间切换。在绘制选区时，按住 Space 键可以移动正在绘制的选区。

（8）按住 Ctrl 键，单击图层面板中的图层缩略图，可以载入它的透明通道；按住快捷键 Ctrl+Alt+Shift，再单击另一个图层可以选取两个图层的透明通道相交的区域。

（9）在缩放或复制图片之前，先切换到快速蒙版模式（按 Q 键）可以保留原来的选区。

（10）选框工具与 Shift 键和 Alt 键的联合使用。

当使用选框工具选取图像时，如果想扩大选区，则可以按住 Shift 键，鼠标指针由"+"形状变成"+₊"形状，拖动鼠标指针，就可以在原来选取的基础上扩大所需的选区，或者是在同一张图片中同时选取两个或两个以上的选区。

当使用选框工具选取图像时，如果想要在选区中减去多余的图像，则按住 Alt 键，鼠标指针由"+"形状变成"+₋"形状，拖动鼠标指针，可以保留所需要的图像。

当使用选框工具选取图像时，如果想要得到两个选区叠加的部分，则按住快捷键 Shift+Alt，鼠标指针由"+"形状变成"+ₓ"形状，拖动鼠标指针，这样就能得到两个选区叠加的部分。如果想要得到选区中的正圆或正方形，则按住 Shift 键即可。

（11）魔棒工具和套索工具与 Shift 键和 Alt 键的联合使用。

增加选区范围按住 Shift 键，方法和选框工具中扩大选区的方法相同。

减少选区范围按住 Alt 键，方法和选框工具中减去选区中多余图像的方法相同。

得到两个选区叠加的区域按快捷键 Shift+Alt，方法和选区中得到两个选区叠加部分的方法相同。

（12）当想"紧排"调整个别字母之间的空位，首先在两个字母之间单击，然后按住 Alt 键后用←、→键调整。

（13）要将对话框中的设置恢复为默认，先按住 Alt 键后，"取消"按钮会变成"恢复"按钮，再单击"恢复"按钮即可。

（14）要快速改变对话框中显示的数值，首先单击数字，让鼠标指针处在对话框中，然后就可以用↑、↓键来改变数值。如果在用↑、↓键改变数值前按住 Shift 键，则数值的改变速度会加快。

（15）Photoshop 的快捷键 Ctrl+Z 可以自由地在历史记录和当前状态中切换，快捷键 Ctrl+Z 可以按照操作次序不断地向前逐步取消操作，快捷键 Shift+Ctrl+Z 可以按照操作次序不断地向后逐步取消操作。

（16）填充功能。

按快捷键 Shift+Backspace 打开"填充"对话框，如图 8-12 所示。

按快捷键 Alt+Backspace 和按快捷键 Ctrl+Backspace 分别为填充前景色和背景色。

按快捷键 Alt+Shift+Backspace 和按快捷键 Ctrl+Shift+Backspace 在填充前景色和背景色时只填充已存在的像素（保持透明区域）。

图 8-12　"填充"对话框

（17）按 D 键、按 X 键可以迅速切换前景色和背景色。

（18）使用任意一个绘图工具绘制直线笔触：先在起点位置单击，再按住 Shift 键，将鼠标指针移动到终点单击即可。

（19）当按快捷键 Ctrl+M 打开"曲线"对话框时，先按住 Alt 键后单击曲线，可以使网格线更精细，再单击可恢复原状。

（20）使用矩形选框工具或椭圆选框工具绘制选区后，先按住鼠标左键不放，再按 Space 键即可随意调整选区的位置，释放鼠标左键后可以再调整选区范围的大小。

（21）增加一个由中心向外绘制的矩形或椭圆形，在增加的任意一个选区内，首先按住 Shift 键拖动矩形选框工具或椭圆选框工具，其次松开 Shift 键，再次按住 Alt 键，最后释放鼠标左键，松开 Alt 键。

（22）如果想要修正倾斜的图像，则先用标尺工具在图像上可以作为水平或垂直方向基准的地方绘制一条线（如图像的边框、两点之间的水平线等），再选择"图像"→"图像旋转"→"任意角度"命令，打开"旋转画布"对话框，此时发现正确的旋转角度已经自动填充在该对话框中，单击"确定"按钮即可。

（23）裁剪图像之后裁剪范围之外的像素就会丢失。要想无损失地裁剪，可以用"画布大小"命令来代替。虽然 Photoshop 会警告将进行一些剪切，但出于某种原因，事实上并没有将所有"被剪切掉的"数据保留在画面以外，但这对索引颜色模式不起作用。

（24）在合并可见图层时，按快捷键 Ctrl+Alt+Shift+E 可以把所有可见图层复制一份后合并到当前图层。同样，在合并图层时，按住 Alt 键，也会把当前图层复制一份后合并到前一个图层，但是这时按快捷键 Ctrl+Alt+E 并不能起作用。

（25）在创建参考线时，按住 Shift 键，拖移参考线可以将参考线紧贴到标尺刻度处；按住 Alt 键，拖移参考线可以将参考线更改为水平或垂直取向。

（26）在调色板中，按住 Shift 键，单击某一颜色块，表示用前景色替代该颜色；按快捷键 Shift+Alt 单击，表示将单击处前景色作为新的颜色块插入；按住 Alt 键，在某一颜色块上单击，表示设置背景颜色；按 Ctrl 键，单击某一颜色块，表示将该颜色块删除。

（27）在图层面板、通道面板、路径面板中，按住 Alt 键单击这些面板底部的按钮时，对于有对话框的工具可打开相应的对话框更改设置。

（28）在图层面板、通道面板、路径面板中，按住 Ctrl 键并单击图层、通道或路径，表示将其作为选区载入；按快捷键 Ctrl+Shift 并单击，表示添加到当前选区；按快捷键 Ctrl+Shift+Alt 并单击，表示与当前选区交叉。

（29）在图层面板中使用图层蒙版时，按住 Shift 键并单击图层蒙版缩略图，会出现一个红叉，表示禁用当前蒙版，按住 Alt 键并单击图层蒙版缩略图，蒙版会以整幅图像的方式显示，便于观察调整。

（30）在路径面板中，按住 Shift 键在路径面板的路径栏上单击可以切换路径是否显示。

## 任务 4　路径技巧

在进行路径操作时，Photoshop 提供了一些路径的选取或修改工具。例如，直接选择工具█、路径选择工具█、添加锚点工具█、删除锚点工具█、转换点工具█。这些工具都可以通过键盘上的功能键来实现，减少了工具之间的切换。对路径面板中的路径操作也可以通过一些技巧来实现。

（1）在单击调整路径上的一个点后，按住 Alt 键，再次单击该点，其中一根"调节控制线"将会消失，单击下一个路径点时不会受影响。

（2）如果使用钢笔工具█ 绘制一条路径，并且鼠标指针状态是钢笔，则只需按快捷键 Ctrl+Enter 就可将路径转换为选区。

（3）如果使用钢笔工具█绘制一条路径，并且鼠标指针状态是画笔，则只需按 Enter 键就可根据画笔笔尖的大小用前景色描边路径。

（4）按住 Alt 键后，在路径控制面板中的"删除"按钮上单击，就可以直接删除路径。

（5）在使用路径其他工具时，按住 Ctrl 键使鼠标指针暂时变成方向选区范围工具。单击路径面板中的空白区域可以关闭所有显示的路径。

（6）在单击路径面板中的几个按钮（用前景色填充路径、用前景色描边路径、将路径作为选区载入）时，按 Alt 键可以看见一系列可用的工具或选项。

（7）如果想要移动整条或多条路径，则可以先选择要移动的路径，再按快捷键 Ctrl+T，可以将路径拖动到任意位置。

（8）在勾勒路径时，最常用的操作还是像素的单线条的勾勒，但此时会有锯齿存在，影响实用价值，此时先将其路径转换为选区，再对选区进行描边处理，同样可以得到原路径的线条，但消除了锯齿。

（9）在使用钢笔工具绘制路径时，按住 Shift 键可以强制路径或方向控制线呈水平、垂直或 45°角，按住 Ctrl 键可以切换到路径选择工具，按住 Alt 键将笔形指针在黑色锚点上单击可以改变方向控制线的方向，使曲线能够转折；按住 Alt 键用路径选择工具单击路径可以选取整个路径；要同时选取多个路径可以按住 Shift 键后逐个单击；在使用路径选择工具时，按住快捷键 Ctrl+Alt 移动路径会切换到添加节点。

（10）按快捷键 Ctrl+H 可以隐藏或显示绘制的路径、选区和辅助线。

## 任务 5　滤镜技巧

在滤镜的使用过程中，用户可能会认为滤镜没有什么操作技巧可言，如果这样认为就大错特错了。本任务主要介绍滤镜的操作技巧，会使作品增色很多，带给用户无比的惊奇和感叹。

（1）滤镜快捷键。

按快捷键 Ctrl+F：再次使用刚才用过的滤镜。

按快捷键 Ctrl+Alt+F：对新的选项使用刚才用过的滤镜。

按快捷键 Ctrl+Shift+F：去除上次用过的滤镜或调整的效果，又或者改变合成的模式。

（2）在选择"滤镜"→"渲染"→"云彩"命令时，如果想要产生更多明显的云彩图案，则可以先按 Alt 键后再选择"滤镜"→"渲染"→"云彩"命令；如果想要生成低漫射云彩效果，则可以先按 Shift 键后再选择"滤镜"→"渲染"→"云彩"命令。

（3）滤镜的处理效果以像素为单位，当相同的参数处理不同分辨率的图像时，会产生不同的效果。RGB 颜色模式可以对图像使用全部的滤镜，而文字只有变成图片格式才能使用滤镜。

（4）使用滤镜对 Alpha 通道进行数据处理会得到意想不到的效果（该操作也可以处理灰阶图像），先用该通道作为选区，再应用其他滤镜，通过该选区处理整个图像。这种处理操作尤其适用于晶体折射滤镜。

（5）用户可以打破适当的设置，获得意外的效果。当用户不按常规设置滤镜时，有时会得到奇妙的特殊效果。例如，将虚蒙版或蒙尘与划痕的参数设置较高，能平滑图像的颜色，效果特别好。

（6）有些滤镜的效果非常明显，细微的参数调整会导致明显的变化，因此，在使用时要仔细选择，以免变化幅度过大而失去每个滤镜的风格。处理过度的图像只能作为样品或范例，但它们不是最好的艺术品。使用滤镜还应根据艺术创作的需要，有选择地使用滤镜。

## 任务 6　图层技巧

关于图层，有这样一句话："学习 Photoshop 只要学会了图层就等于学会了 Photoshop 的一半"，这是对学习图层重要性的认可。图层是 Photoshop 图像的构成元素，每个作品设计都离不开图层。本任务将介绍图层的操作技巧。

（1）按快捷键 Ctrl+"["可以下移当前图层的排列次序，按快捷键 Ctrl+"]"可以上移当前图层的排列次序。

（2）在移动图像或选区时，按方向键每次可以移动 1 像素的距离。在移动图层或选区时，先按住 Shift 键后再按方向键每次可以移动 10 像素的距离。

（3）直接删除图层可以先按住 Alt 键，再将鼠标指针移动到图层面板的删除图标上单击即可。按住 Ctrl 键后，移动工具就具有自动选择的功能，这时只要单击某个图层上的对象，就会自动地切换到那个对象所在的图层；当松开 Ctrl 键，移动工具就不再有自动选择的功能，这样就很容易防止误选。

（4）在图层面板中按住 Alt 键，在两层之间单击，可以将它们编为一组。当一些图层链接在一起而又只想把它们中的一部分编组时，这个功能十分好用。因为"编组"命令（快捷键 Ctrl+G）在当前图层与其他图层有链接时会转为"编组链接层"命令。

（5）双击图层面板中带"T"字样的图层，可以再次对文字进行编辑，按住 Alt 键，单击所需图层前面的"眼睛"图标可以隐藏 / 显示其他所有图层。按住 Alt 键，单击当前图层前面的"笔刷"图标可解除与其他所有层的链接。

（6）要清除某个图层上所有的图层样式，按住 Alt 键，双击该图层中的"图层样式"图标。要去除其中一个效果，按住 Alt 键，在"图层"→"图层样式"子菜单中选中它的名字，或者在"图层样式"对话框中取消勾选它的复选框即可。

（7）除了在通道面板中编辑图层蒙版，按住 Alt 键，单击图层面板中的"蒙版"图标也可以打开它；按住 Shift 键，单击"蒙版"图标可以关闭或打开蒙版。按快捷键 Alt+Shift，单击"图层蒙版"按钮，可以以红宝石色（50%）显示。按住 Ctrl 键，单击"蒙版"图标为载入透明选区。

（8）按住 Alt 键，右击可以自动选择当前点最上面的图层，或者在移动工具属性栏中勾选"自动选择图层"复选框也可以实现。按快捷键 Alt+Shift，右击可以切换当前图层与最上面图层的链接。

# 任务 7　色彩技巧

在 Photoshop 中，色彩的设置和选择同样具有操作技巧。

（1）Photoshop 是 32 位应用程序，为了正确地观看文件，需要将屏幕设置为 24 位色彩。

先选择"窗口"→"新建窗口"命令，创建新窗口后，再选择"视图"→"校样设置"→"工作中的 CMYK"命令，即可同时观看两种模式的图像。

（2）单击信息面板中的"吸管"下拉按钮或"十字"下拉按钮，在弹出的下拉列表中可以更改尺寸及颜色模式。

（3）在调色板面板中的任意空白（灰色）区域单击，可以在调色板上增加一个自定义的颜色。按住 Ctrl 键单击可以减去一个颜色，按住 Shift 键单击可以替换一个颜色。

（4）通过复制粘贴 Photoshop 拾色器中所显示的十六进制颜色值，可以在 Photoshop 和其他程序（其他支持十六进制颜色值的程序）之间交换颜色数据。

（5）在打开"颜色范围"对话框时，按 Ctrl 键进行图像与选取预览的切换。如果按 Shift 键，则会使吸管变成有"+"符号的加选吸管，如果按 Alt 键，则会使吸管变成有"–"符号的减选吸管，按快捷键 Shift+Backspace 可以直接打开"填色"对话框。

（6）在拾色器面板上直接切换颜色模式，按住 Shift 键后，将鼠标指针移到"色彩杆"上单击即可。

## 任务 8　动作技巧

动作其实是一系列指令的集合，类似录制好了的宏。动作操作也有以下技巧。

（1）如果想要在一个动作中的一个命令后新增一个命令，则可以先选中该命令，再单击动作面板中的"开始记录"按钮，选择要增加的命令，单击"停止记录"按钮即可。先按住 Ctrl 键后，再在动作面板中双击所要执行的动作名称，即可执行整个动作。

（2）如果想要一起执行数个宏，则可以先增加一个宏，再录制每一个所要执行的宏。

（3）如果想要在一个宏中的某个命令后新增一个命令，则可以先选中该命令，再单击动作面板中的"开始录制"按钮，选择要增加的命令，单击"停止录制"按钮即可。

## 课后训练 8

1．写出工具箱中各个工具的快捷键。

2．练习各个任务所讲的各种高级操作技巧并回答下列问题。

（1）绘制一个选区，按 Q 键切换到选区快速蒙板模式，这时要想扩大选区的选取范围，应该怎样操作？要想减小选区的选取范围，应该怎样操作？

（2）按快捷键 Ctrl+H 能隐藏选区、路径、辅助线和切片吗？

（3）首先按快捷键 Ctrl+J 复制一个图层，然后按快捷键 Ctrl+T 将所复制的图层缩小或旋转一定角度，最后按快捷键 Ctrl+Shift+Alt+T 能再次重复上一步的操作吗？

（4）绘制一个闭合路径，按快捷键 Ctrl+Enter 能将该路径转换为选区吗？

（5）选择"图层"→"图层编组"命令，下一个图层是否能与上一个图层编组？

# 附录 A
## 快捷键

Photoshop 快捷键 A

常用工具

| 快捷键 | 说明 |
| --- | --- |
| M | 矩形选框工具、椭圆选框工具 |
| C | 裁剪工具 |
| V | 移动工具 |
| C | 切片工具 |
| L | 套索工具、多边形套索工具、磁性套索工具 |
| W | 魔棒工具 |
| J | 修复画笔工具 |
| B | 画笔工具 |
| S | 仿制图章工具、图案图章工具 |
| Y | 历史记录画笔工具 |
| E | 橡皮擦工具 |
| R | 模糊工具、锐化工具、涂抹工具 |
| O | 减淡工具、加深工具、海绵工具 |
| P | 钢笔工具、自由钢笔工具、磁性钢笔工具 |
| A | 直接选择工具 |
| T | 横排文字工具、横排文字蒙版工具、直排文字工具、直排文字蒙版工具 |
| I | 注释工具 |
| I | 度量工具 |
| U | 矩形工具 |
| G | 渐变工具 |
| G | 油漆桶工具 |
| I | 吸管工具、颜色取样器工具 |
| H | 抓手工具 |
| Z | 缩放工具 |
| D | 默认前景色和背景色 |
| X | 切换前景色和背景色 |
| Q | 切换标准模式和快速蒙版模式 |
| F | 标准屏幕模式、带有菜单栏的全屏模式、全屏模式 |
| Ctrl | 临时使用移动工具 |
| Alt | 临时使用吸管工具 |
| Space | 临时使用抓手工具 |
| Enter | 打开工具选项面板 |
| 0 ～ 9 | 快速输入工具选项<br>（当前工具选项面板中至少有一个可调节数字） |

Photoshop 快捷键 B

文件操作

| 快捷键 | 说明 |
|---|---|
| Ctrl+N | 新建图像文件 |
| Ctrl+Alt+N | 用默认设置创建新文件 |
| Ctrl+O | 打开已有的图像 |
| Ctrl+Alt+O | 打开为 |
| Ctrl+W | 关闭当前图像 |
| Ctrl+S | 保存当前图像 |
| Ctrl+Shift+S | 另存为 |
| Ctrl+Alt+S | 存储副本 |
| Ctrl+Shift+P | 页面设置 |
| Ctrl+P | 打印 |
| Ctrl+K | 打开"预置"对话框 |
| Alt+Ctrl+K | 显示最后一次显示的"预置"对话框 |
| Ctrl+1 | 设置"常规"选项（在"预置"对话框中） |
| Ctrl+2 | 设置"存储文件"（在"预置"对话框中） |
| Ctrl+3 | 设置"显示和光标"（在"预置"对话框中） |
| Ctrl+4 | 设置"透明区域与色域"（在"预置"对话框中） |
| Ctrl+5 | 设置"单位与标尺"（在"预置"对话框中） |
| Ctrl+6 | 设置"参考线与网格"（在"预置"对话框中） |
| Ctrl+7 | 设置"增效工具与暂存盘"（在"预置"对话框中） |
| Ctrl+8 | 设置"内存与图像高速缓存"（在"预置"对话框中） |

编辑操作

| 快捷键 | 说明 |
|---|---|
| Ctrl+Z | 还原／重做前一步操作 |
| Ctrl+Alt+Z | 还原两步以上操作 |
| Ctrl+Shift+Z | 重做两步以上操作 |
| Ctrl+X 或 F2 | 剪切选取的图像或路径 |
| Ctrl+C | 复制选取的图像或路径 |
| Ctrl+Shift+C | 合并复制 |
| Ctrl+V 或 F4 | 将剪贴板的内容粘贴到当前图形中 |
| Ctrl+Shift+V | 将剪贴板的内容粘贴到选框中 |
| Ctrl+T | 自由变换 |
| Enter | 应用自由变换（在自由变换模式下） |
| Alt | 从中心或对称点开始变换（在自由变换模式下） |
| Shift | 限制（在自由变换模式下） |

| 快捷键 | 说明 |
|---|---|
| Ctrl | 扭曲（在自由变换模式下） |
| Esc | 取消变形（在自由变换模式下） |
| Ctrl+Shift+T | 自由变换复制的像素数据 |
| Ctrl+Shift+Alt+T | 再次变换复制的像素数据并创建一个副本 |
| DEL | 删除选框中的图案或选取的路径 |
| Ctrl+Backspace 或 Ctrl+Del | 用背景色填充所选区域或整个图层 |
| Alt+Backspace 或 Alt+Del | 用前景色填充所选区域或整个图层 |
| Shift+Backspace | 打开"填充"对话框 |
| Alt+Ctrl+Backspace | 从历史记录中填充 |

## Photoshop 快捷键 C

### 图像调整

| 快捷键 | 说明 |
|---|---|
| Ctrl+L | 调整色阶 |
| Ctrl+Shift+L | 自动调整色阶 |
| Ctrl+M | 打开"曲线"对话框 |
| Ctrl+ 数字 | 选择单色通道（在"曲线"对话框中） |
| Ctrl+B | 打开"色彩平衡"对话框 |
| Ctrl+U | 打开"色相 / 饱和度"对话框 |
| Ctrl+ "～" | 全图调整（在"色相 / 饱和度"对话框中） |
| Ctrl+1 | 只调整红色（在"色相 / 饱和度"对话框中） |
| Ctrl+2 | 只调整黄色（在"色相 / 饱和度"对话框中） |
| Ctrl+3 | 只调整绿色（在"色相 / 饱和度"对话框中） |
| Ctrl+4 | 只调整青色（在"色相 / 饱和度"对话框中） |
| Ctrl+5 | 只调整蓝色（在"色相 / 饱和度"对话框中） |
| Ctrl+6 | 只调整洋红（在"色相 / 饱和度"对话框中） |
| Ctrl+Shift+U | 去色 |
| Ctrl+I | 反相 |

### 图层操作

| 快捷键 | 说明 |
|---|---|
| Ctrl+Shift+N | 通过对话框创建一个图层 |
| Ctrl+Alt+Shift+N | 以默认选项创建一个图层 |
| Ctrl+J | 通过复制创建一个图层 |
| Ctrl+Shift+J | 通过剪切创建一个图层 |
| Ctrl+G | 与前一图层编组 |
| Ctrl+Shift+G | 取消编组 |

续表

| 快捷键 | 说明 |
|---|---|
| Ctrl+E | 向下合并或合并链接图层 |
| Ctrl+Shift+E | 合并可见图层 |
| Ctrl+Alt+E | 盖印或盖印链接图层 |
| Ctrl+Alt+Shift+E | 盖印可见图层 |
| Ctrl+ "[" | 将当前图层下移一层 |
| Ctrl+ "]" | 将当前图层上移一层 |
| Ctrl+Shift+ "[" | 将当前图层移到底部 |
| Ctrl+Shift+ "]" | 将当前图层移到顶部 |
| Alt+ "[" | 激活下一个图层 |
| Alt+ "]" | 激活上一个图层 |
| Shift+Alt+ "[" | 激活底部图层 |
| Shift+Alt+ "]" | 激活顶部图层 |
| 0 ~ 9 | 调整当前图层的透明度（当前工具为无数字参数，如移动工具） |
| / | 保留当前图层的透明区域（开关） |
| Ctrl+1 | 投影效果（在"图层样式"对话框中） |
| Ctrl+2 | 内阴影效果（在"图层样式"对话框中） |
| Ctrl+3 | 外发光效果（在"图层样式"对话框中） |
| Ctrl+4 | 内发光效果（在"图层样式"对话框中） |
| Ctrl+5 | 斜面和浮雕效果（在"图层样式"对话框中） |
| A | 应用当前所选效果并使参数可调（在"图层样式"对话框中） |

## 图层混合模式

| 快捷键 | 说明 |
|---|---|
| Alt+ "-" 或 "+" | 循环选择图层混合模式 |
| Ctrl+Alt+N | 正常 |
| Ctrl+Alt+L | 阈值（位图模式） |
| Ctrl+Alt+I | 溶解 |
| Ctrl+Alt+R | 清除 |
| Ctrl+Alt+M | 正片叠底 |
| Ctrl+Alt+S | 屏幕 |
| Ctrl+Alt+O | 叠加 |
| Ctrl+Alt+F | 柔光 |
| Ctrl+Alt+H | 强光 |
| Ctrl+Alt+D | 颜色减淡 |
| Ctrl+Alt+B | 颜色加深 |
| Ctrl+Alt+K | 变暗 |

| 快捷键 | 说明 |
|---|---|
| Ctrl+Alt+G | 变亮 |
| Ctrl+Alt+E | 差值 |
| Ctrl+Alt+X | 排除 |
| Ctrl+Alt+U | 色相 |
| Ctrl+Alt+T | 饱和度 |
| Ctrl+Alt+C | 颜色 |
| Ctrl+Alt+Y | 明度 |
| 海绵工具 +Ctrl+Alt+J | 去色 |
| 海绵工具 +Ctrl+Alt+A | 加色 |
| 减淡 / 加深工具 +Ctrl+Alt+W | 暗调 |
| 减淡 / 加深工具 +Ctrl+Alt+V | 中间调 |
| 减淡 / 加深工具 +Ctrl+Alt+Z | 高光 |

选择功能

| 快捷键 | 说明 |
|---|---|
| Ctrl+A | 全部选取 |
| Ctrl+D | 取消选择 |
| Ctrl+Shift+D | 重新选择 |
| Ctrl+Alt+D | 羽化选择 |
| Ctrl+Shift+I | 反向选择 |
| 数字键盘的 Enter | 路径变选区 |
| Ctrl+ 单击图层面板、路径面板、通道面板中的缩略图 | 载入选区 |
| Ctrl+F | 按上次的参数再做一次滤镜 |
| Ctrl+Shift+F | 褪去上次所做滤镜的效果 |
| Ctrl+Alt+F | 重复上次所做的滤镜（可调参数） |
| V | 选择工具（在"3D 变化"滤镜中） |
| M | 立方体工具（在"3D 变化"滤镜中） |
| N | 球体工具（在"3D 变化"滤镜中） |
| C | 柱体工具（在"3D 变化"滤镜中） |
| R | 轨迹球（在"3D 变化"滤镜中） |
| E | 全景相机工具（在"3D 变化"滤镜中） |

Photoshop 快捷键 D

视图操作

| 快捷键 | 说明 |
|---|---|
| Ctrl+ "～" | 显示彩色通道 |
| Ctrl+ 数字 | 显示单色通道 |

| 快捷键 | 说明 |
| --- | --- |
| ～ | 显示复合通道 |
| Ctrl+Y | 以 CMYK 方式预览（开关） |
| Ctrl+Shift+Y | 打开 / 关闭色域警告 |
| Ctrl+ "+" | 放大视图 |
| Ctrl+ "-" | 缩小视图 |
| Ctrl+0 | 满画布显示 |
| Ctrl+Alt+0 | 实际像素显示 |
| Page Up | 向上卷动一屏 |
| Page Down | 向下卷动一屏 |
| Ctrl+PageUp | 向左卷动一屏 |
| Ctrl+PageDown | 向右卷动一屏 |
| Shift+Page Up | 向上卷动 10 个单位 |
| Shift+Page Down | 向下卷动 10 个单位 |
| Shift+Ctrl+Page Up | 向左卷动 10 个单位 |
| Shift+Ctrl+Page Down | 向右卷动 10 个单位 |
| Home | 将视图移动到左上角 |
| End | 将视图移动到右下角 |
| Ctrl+H | 显示 / 隐藏选区 |
| Ctrl+Shift+H | 显示 / 隐藏路径 |
| Ctrl+R | 显示 / 隐藏标尺 |
| Ctrl+ ";" | 显示 / 隐藏参考线 |
| Ctrl+ """ | 显示 / 隐藏网格 |
| Ctrl+Shift+ ";" | 贴紧参考线 |
| Ctrl+Alt+ ";" | 锁定参考线 |
| Ctrl+Shift+ """ | 贴紧网格 |
| F5 | 显示 / 隐藏画笔面板 |
| F6 | 显示 / 隐藏颜色面板 |
| F7 | 显示 / 隐藏图层面板 |
| F8 | 显示 / 隐藏信息面板 |
| F9 | 显示 / 隐藏动作面板 |
| Tab | 显示 / 隐藏所有命令面板 |
| Shift+Tab | 显示或隐藏工具箱以外的所有调板 |

文字工具对话框中的文字处理

| 快捷键 | 说明 |
| --- | --- |
| Ctrl+Shift+L | 左对齐或顶对齐 |
| Ctrl+Shift+C | 中对齐 |
| Ctrl+Shift+R | 右对齐或底对齐 |
| Shift+ ← / → | 左 / 右选择 1 个字符 |
| Shift+ ↑ / ↓ | 上 / 下选择 1 行 |
| Ctrl+A | 选择所有字符 |
| Shift 加点按 | 选择从插入点到鼠标点按点的字符 |
| ← / → | 左 / 右移动 1 个字符 |
| ↑ / ↓ | 上 / 下移动 1 行 |
| Ctrl+ ← / → | 左 / 右移动 1 个字 |
| Ctrl+Shift+ "<" | 将所选文本的字号减小 2 点 |
| Ctrl+Shift+ ">" | 将所选文本的字号增大 2 点 |
| Ctrl+Alt+Shift+ "<" | 将所选文本的字号减小 10 点 |
| Ctrl+Alt+Shift+ ">" | 将所选文本的字号增大 10 点 |
| Alt+ ↓ | 将行距减小 2 像素 |
| Alt+ ↑ | 将行距增大 2 像素 |
| Shift+Alt+ ↓ | 将基线位移减小 2 像素 |
| Shift+Alt+ ↑ | 将基线位移增加 2 像素 |
| Alt+ ← | 将字距微调或字距调整减小 20/1000ems |
| Alt+ → | 将字距微调或字距调整增加 20/1000ems |
| Ctrl+Alt+ ← | 将字距微调或字距调整减小 100/1000ems |
| Ctrl+Alt+ → | 将字距微调或字距调整增加 100/1000ems |
| Ctrl+Alt+1 ～ 9 | 选择通道中白的像素（包括半色调） |